走进能源

科学顾问 翁史烈
编　　著 于立军 任庚坡 楼振飞
插　　图 马建国

ZOUJIN NENGYUAN

上海科学普及出版社

图书在版编目(CIP)数据

走进能源/于立军,任庚坡,楼振飞编著. --上海:上海科学普及出版社,2013.6
ISBN 978 - 7 - 5427 - 5650 - 3

Ⅰ. ①走… Ⅱ. ①于… ②任…③楼… Ⅲ. ①能源－基本知识 Ⅳ. ①TK01

中国版本图书馆 CIP 数据核字(2012)第 300082 号

责任编辑　林晓峰　史炎均
技术编辑　马鸿根

走 进 能 源

于立军　任庚坡　楼振飞　编著
上海科学普及出版社出版发行
(上海中山北路 832 号　邮政编码 200070)
http://www.pspsh.com

各地新华书店经销　上海市印刷七厂有限公司印刷
开本 787×1092　1/16　印张 18.25　字数 255 000 字
2013 年 6 月第 1 版　2013 年 6 月第 1 次印刷

ISBN 978 - 7 - 5427 - 5650 - 3　定价:35.00 元
本书如有缺页、错装或坏损等严重质量问题
请向出版社联系调换

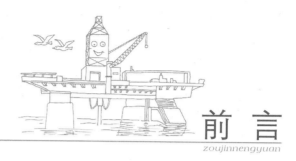

前言

zoujinnengyuan

人类从远古时代学会用火开始,经过石器时代、铁器时代……直到18世纪的第一次工业革命时期成功地发明了蒸汽机,19世纪的第二次工业革命时期再次发明了内燃机,使得工业化大生产突飞猛进,促使科学技术发展到空前的新阶段。

随着人类的文明进步以及社会生产力的不断提升,能源开发和利用技术已经成为社会经济发展的重要保障。能源又称为能量资源或能源资源,它是可产生的各种能量(如热量、电能、光能和机械能等)资源的统称;又是指能够直接取得或者通过加工、转换而取得的各种资源,包括煤炭、原油、天然气、煤层气、水能、核能、风能、太阳能、地热能、生物质能等一次能源以及电力、热力、成品油等二次能源。能源相当于社会的粮食和血液,它支撑着整个社会经济的正常运转。

然而,在人类大量使用化石能源(煤炭、石油、天然气)的同时,也带来了环境污染和自然资源枯竭等问题。自20世纪80年代中期以来,随着全球气候变暖趋势的逐渐增强,出现了冰川消退、海平面上升、荒漠化等一系列环境问题,严重地影响了地球的生态系统。随着人们用能需求的不断增长,每年化石燃料燃烧所产生的酸性气体 SO_x 和 NO_x 已严重影响到人们的正常生活。目前,在全球范围内,已经出现西欧地区、北美地区和东南亚地区三大酸雨区域,而我国长江以南地区也存在连片的酸雨区域。

　　1973 年出现的世界性石油危机，使得人们开始认识到能源资源的有限性。目前，煤炭、石油和天然气的探明可采储量分别为 1 万亿吨、1 万亿桶和 90 万亿立方米。按照当前化石燃料消耗速度的预计，这些能源可供人类使用的时间分别为 200～220 年、45～50 年和 50～60 年。

　　在全球化石能源紧缺的大背景下，节能减排和新能源开发已经成为各国政府和科技人员所关注和研究的重要领域。本书撷取了国内外能源科技领域的最新成果，结合作者的最新研究成果，图文并茂、深入浅出地介绍了能源的重要性、能源与环境问题、常规能源和新能源、节能技术等相关主题。当广大读者"漫步"于《走进能源》的字里行间，不仅能够领略到当代能源技术领域的新工艺、新技术、新产品，发现能源领域的无穷魅力，而且还能在不知不觉中增长能源知识、了解能源科技的内涵。

翁史烈

2013 年 5 月

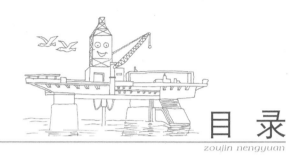

目录

zoujin nengyuan

推动世界运转的基础——能源

我国的主要能源——煤炭

液体能源——石油

新型能源管理政策与机制

推动世界运转的基础
——能源

能 源 世 界

什么是能源

　　所谓能源，就是能向人类提供各种形式能量的资源的总称。人们所使用的煤炭、石油、天然气是由埋在地下的动物和植物，经过千百万年地质年代演变而成，与化石成因一样，可称为化石能源，它通常以固态、液态或气态的形式存在于地球内部，需要的时候可以直接拿来使用。化石能源是全球消耗的最主要能源，在人类生产、生活以及社会活动中，时时刻刻离不开它，通过某种利用技术，转换成人们常用的电能、机械能以及冷热能量。从某种意义上讲，人类社会的发展离不开优质能源和先进能源技术。能源已经成为人类赖以生存的基本保障，是人类社会不可缺少的重要基础，同时是推动世界发展和社会进步的驱动力。在当今世界，能源安全、能源与环境是全世界、全人类共同关心的热点问题，也是一个国家社会经济发展的重要基础。

　　我们经常会提到能源进口国与能源输出国，还可以细分为石油进口国、天然气出口国等。顾名思义，能源进口国就是某些国家和地区的能源消费主要依赖进口，而且占到相当多的比例份额。能源进口国常常出于国计民生的长远考虑，更加关注能源供应安全及能源价格稳定，千方百计寻求稳定的进口渠道或降低能源的对外依赖程度。能源输出国会关注稳定的买方市场所带来的"经济利益"。如美国作为能源进口国，总是试图控制全球能源的生产与供应，并对所谓敌人或潜在对手的能源供应形成制约；俄罗斯作为能源出口国，把能源作为重振大国雄风的重要武器,谋求在地区或全球能源安全体系中发挥更重要作用;一些受到美国制裁的能源出口国,则把能源外交作为摆脱孤立、拓展外交空间的重要武器。

能源问题几乎涉及所有世界大国和地缘战略重要的国家和地区,涉及复杂的地缘政治、经济和战略关系。在某些方面,能源对经济发展所产生的约束已经超过了资金的约束度,因此绝对不能简单地认为能源只涉及市场经济问题。同时,能源问题还会时常影响国与国之间的关系,由此引发一系列地区冲突,迫使各国更加重视自身能源安全,少数国家不惜动用经济制裁或军事手段予以调解。国家外交配合能源战略,成为理所当然的选择,能源战略随之发生重要转变,其地位得到空前提升。美国学者迈克尔·克拉雷指出,21世纪的战争将不是围绕意识形态,而是围绕资源进行的,各国将为控制日渐减少的重要资源而战斗,能源将成为各国在制定对外政策和处理外交关系中必须认真考虑的重要因素。

所谓能源就是能向人类提供各种形式能量的资源的总称

能源安全

❧ 能源的分类与转换

能源的种类很多,例如煤炭、石油、天然气、生物质能、核能等,这些都是我们熟知的能源。此外,大自然中的风、太阳、海洋、潮汐、地震等也包含着巨大的能量。能源有多种分类方法,最常用的是按其形成和来源进行分类,可以分成一次能源和二次能源。一次能源是指以现存形式存在于自然界,而不改变其基本形态的天然能源,例如柴草、煤炭、原油、天然气、核燃料、水力、风力、太阳能、地热能、海洋能等;二次能源是指需要经过加工转换过程,从一次能源直接或间接转化来的能源,例如蒸汽、焦炭、洗精煤、煤气、电力、汽油、煤油、柴油、氢能等。二次能源比一次能源具有更高的终端利用效率,使用时更方便、更清洁。

按开发利用状况进行分类,可以分成常规能源和新能源。常规能源又称传统能源(conventional energy),是指已经大规模生产和广泛利用的能源,如煤炭、石油、天然气等。与常规能源相比,新能源受到的关注度更高。所谓新能源是指在新技术基础上,能够开发与利用的能源。与常规能源相比,新能源使用量较小,尚未形成规模效应,如核能、太阳能、风能、海洋能、地热能、氢能等。这里需要指出的是,常规能源与新能源的划分是相对的。以核能为例,在20世纪50年代核能刚开始被使用时,它被认为是一种新能源。到了80年代,一些国家已经把它列为常规能源了。虽然燃料电池的发明比内燃机的发明还早30多年,但是由于其所用燃料——氢能的发展比较慢,因此目前的燃料电池还属于新能源,而石油则已经演变成常规能源了。

能源的分类还有其他多种方法:按照能源是否能再生又可以分为可再生能源和不可再生能源。可再生能源就是指在生态循环中能不断再生的能源,它不会随着本身的转化或人类的利用而减少,具有天然的自我恢复功能,例如风能、水能、海洋能、地热能、太阳能、生物质能等。矿物燃料和核燃料则难以再生,它们会随着人类的使用而越来越少,因而它们被称为不可再生能源。能源还可以分为商品能源和非商品能源。商品能源是指能够进入能源市场作为商品销售的能源,例如煤炭、石油、天然气和电能等,国际上的能源统计均限于商品能源。非商品能源主要指薪柴和农作物残余(秸秆等)。另外,能源还可以分为燃料能源和非燃料能源。燃料能源是指可用于直接燃烧发出能量的物质,例如煤、油、气、柴草等,非燃料能源是指不可用于直接燃烧的能源,例如水能、风能、电能等。

能源可以转换成人类所需要的能量,能量又以热能、电能、机械能、化学能等多种形式出现,可以从一种形式转换为另一种形式,或者从一个物体转移到另一个物体。例如,天然气燃烧可以产生热能,热能可以让水变成水蒸气,水蒸气又能推动汽轮机转动,又进一步转换成机械能;水的势能推动水轮机转动,带动发电机工作产生电能。我们将有效转换的份额称为能源转换效率,比如烧开 1 千克水所消耗的燃料热值为 200 千卡(约 837 千焦),而水在烧开过程中实际吸收的热量只有 336 千焦,则能源转换效率为 40%,另外一部分热量被空气吸收了。

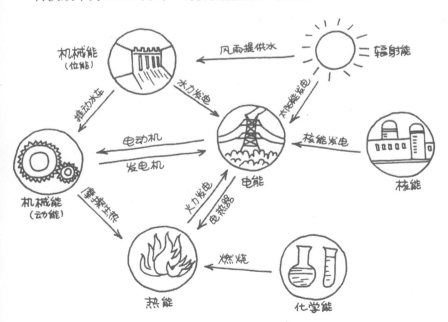

✨ 能源的统计方法

由于能源品种很多(多达上百种),各种能源的形态(气态、固态、液态)和计量单位(吨、千克、立方米)也不一样,因此不同的计量单位无法直接叠加。为了便于能源品种之间的统计、对比与分析,需要进行数量折算。人们通常在传统的能源度量单位后简单地乘以一个系数,使之转换成标准计量值,我们将这个系数称为燃料折标系数,该系数还可以细分为电力、原煤、天然气以及蒸汽、水的折标系数。计算燃料折标系数主要有两种方法,即当量值和等价值方法。严格地讲,燃料折标系数应该按照燃料实际热值测试结果进行计算,在无实测数据时,可以考虑选取国家或地方推荐的参考数据。

各种能源的参考折标系数

名称	单位	参考折标系数	名称	单位	参考折标系数
原煤	吨	0.7143	燃料油	吨	1.4286
洗精煤	吨	0.9000	液化石油气	吨	1.7143
天然气	万立方米	12.1430	电力	万千瓦时	3.0（等价值）
原油	吨	1.4286	低压蒸汽	千克	0.0929
汽油	吨	1.4714	新鲜水	千吨	0.2571
柴油	吨	1.4571	压缩空气	立方米	0.0400

当量值表示能源本身所具有的热量,具有一定价值品位的某种能源,其当量热值是固定不变的。而等价值是指为了生产一个单位的能源产品(如汽油、柴油、电力、蒸汽等)或耗能工作介质(简称工质,如压缩空气、氧气、各种水等)过程中所消耗另外一种能源产品中所含热量。由于等价热值实质上除了当量热

值以外,还需考虑能源转换过程中的能量损失,因此等价热值是个变化量,它与能源加工和转换技术有关。随着技术水平的提高,等价值会不断降低,并趋向于二次能源所具有的能量。等价值可以采用下面的计算公式求得:等价热值=当量热值/转化效率。

工程上常用大卡作为热量单位,用来评价燃料的放热品质。1大卡相当于1千卡/千克(kcal/kg),表示1千克纯水温度升高或降低1℃,所吸收或放出的热量;也可解释成1千克燃料能使多少千克水升高1℃,说明这种燃料的热值是多少大卡。为了统计与使用方便,通常将煤炭、石油、天然气等换算成标准燃料来表示。该方法通常有两种类型,一种是标准煤(Standard Coal),另一种是标准油(Standard Oil)。所谓的标准煤是一种假想的煤种,又称煤当量(coal equivalent),具体定义是1千克标准煤的低位发热量为7000千卡热值(即29.307兆焦),其简单换算关系是1千克煤当量(1 kgce)=7000千卡/千克=29307千焦/千克。另外,按照标准油热值计算出的能源量,又被称为油当量(oil equivalent)。1千克油当量的热值相当于10000千卡,其简单换算关系是1千克油当量(1 kgoe)=10000千卡/千克=41868千焦/千克。由此算出1千克标准油相当于1.43千克标准煤。

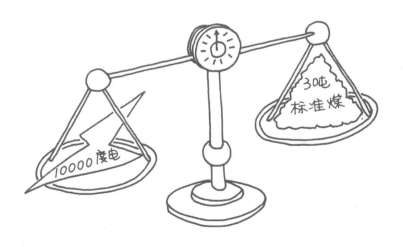

能源的资源储量

每个国家都十分关心本国的能源储量问题,能源储量的多少与一个国家的资源状况密切相关,同时还会受到其他因素影响,例如能源年消耗量、消费结构以及开采利用技术水平等都会对其造成一定影响。能源储量是一个动态变化的数据,也不能简单地用"越来越小"来形容,但可以说成越用越少。在某个时期,能源储量可能会因为发现一个大型资源矿,造成探明储量发生变化,受其影响会使该国总探明储量出现短期上升的趋势。通常,在一定时期内,如果没有发现新的矿藏,则这个国家的能源储备会出现下降趋势。

随着全球进入石油时代,现代工业文明将我们带到人类文明的新高度。在新能源革命还未发生"量变"的条件下,当前人们普遍关注油气资源储备问题,石油变得越来越稀缺,石油价格反复动荡,给工业的发展带来了严峻的考验。人们普遍关心自己的汽车有没有汽油可加,希望石油价格不要产生大幅波动。而这些想象与油气储备有着最直接的关系,市场价格也会受到人们心理预期的影响。

在中国,探明储量是指矿产储量分类中的开采储量、设计储量与远景储量之和。在欧美各国,探明储量是指测定储量及推定储量的总和。探明储量一般作为衡量一个国家或能源企业拥有多少资源储备的一个象征,还可以细分为人均能源资源储量。我国能源资源储量的总体特点是总量尚可,人均不足。因此,国内的能源政策主要围绕开发和节约,其中开发主要包括矿藏勘探与国外能源采购。

可采储量是指经过详细勘探,在目前和预期的当地经济条件下,可用现有技术开采的储量。年消耗量是指某个国家或地区每年所消耗能源的总和,下面两个表中分别给出世界能源资源及消耗对照表及中国人均能源资源储量情况。

世界能源储量及消耗对照表(截至 2012 年)

种类	探明储量	可采储量	年消耗量	预计终结年代
石油	/	2300 亿吨	42 亿吨	2066 年
天然气	/	9×10^5 亿立方米	1.55×10^4 亿立方米	2070 年
煤	10 万亿吨	10000 亿吨	50 亿吨	2212 年
铀(核燃料)	490 万吨	/	/	2060 年

中国人均能源储量(截至 2012 年)

资源	煤	水力	石油	天然气
中国人均储量/世界(%)	40	31	6.6	1.5

　　前面提到的可采储量及预计终结年代只是一组简单的数据,通过简单的加减乘除运算即可得出结果,但其中的数字却蕴含着深刻的哲理,未来靠什么维持社会运转和人类的可持续发展? 答案是肯定的:我们应该去了解能源,了解能源的使用过程,应该尝试改变我们的生活,应该为此做出不懈努力。

能源储量的多少与每一个国家的资源状况密切相关

能源结构

能源结构通常用来表示各种能源在一次能源总量中的比例关系,一般由能源生产结构和能源消费结构组成。影响其构成的主要因素有:能源品种、使用量、可开发程度以及能源开发利用的技术水平。由于我国煤炭占能源生产和消费的比重较大,因此采用标准煤来表示我国的能源结构。在欧美国家,因为油气比重较大,通常采用标准油来表示。

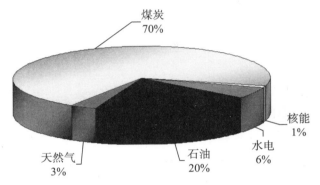

能源消费结构示意图

在某个时间范围内,能源生产或消费增长速度与国民经济增长速度的比值称为能源弹性系数。能源弹性系数主要包括能源生产弹性系数和能源消费弹性系数两种。其中,能源生产弹性系数是指能源生产年增长率与国民生产总值年增长率的比例关系;能源消费弹性系数是指能源消费年增长率与国民生产总值年增长率的比例关系。能源弹性系数通常以 1 为临界值,大于 1 表明经济对能源的依赖度较强。

例如,某国的能源生产年增长率是 12%,国民生产总值的年增长率是 8%,则能源生产弹性系数＝12%÷8%＝1.5,即能源生产弹性系数为 1.5。该系数表达的意思是,国民生产总值每增长 1%,要求能源生产增长 1.5%;如果能源消费的年增长率是 6%,国民生产总值的年增长率是 10%,则能源消费弹性系数＝

6%÷10%＝0.6,即能源消费弹性系数为0.6。按此系数,国民生产总值每增长1%,要求能源消费增长0.6%,这是一种比较理想的增长情景,可以算作低碳经济。

可再生能源开发及其能源转化技术也会影响到一个国家或地区的能源结构。例如,欧洲大力发展生物质能、风能以及太阳能的利用技术,降低了欧洲化石能源使用的比重;再如,美国近些年快速增长的非常规天然气,已经占到美国国内天然气市场份额的25%,大大缓解其常规天然气进口压力。另外,通过核能、风能、太阳能以及生物质能的利用技术来制取氢气,结合燃料电池的转换技术,同样可以降低人类对汽柴油的依赖程度,减缓石油资源的消耗速度。

能 源 与 经 济

能源与经济发展

能源与人类社会息息相关,能源对经济社会发展的重大作用不亚于粮食、空气、水对人类生存的重要程度,它推动着经济的发展,并对经济发展的规模和速度起到举足轻重的作用。经济和能源发展之间相互依赖、相互依存。一方面,经济发展是以能源为基础的,能源促进了国民经济的发展;另一方面,能源发展是以经济发展为前提的,能源(特别是新能源)与可再生能源的大规模开发和利用要依靠经济的有力支撑。

任何社会生产都需要投入一定的能源生产要素,没有能源就不可能形成现实的生产力。在现代化生产中,各个行业的发展都是与能源密不可分的。工业中各种产品的制造都需要以能源为基础,农业生产的机械化、水利化、化学化和电气化也是和能源消费联系在一起的,交通运输、商业和服务业的发展更是与能源分不开的。

煤炭、石油、天然气以及新能源、可再生能源使用范围的逐渐扩大,不但促进了能源行业的技术进步,而且大大推动了整个社会的经济发展和技术革新。第二次工业革命使人们清楚地认识到,机械化程度的提高归功于电力的使用,从而降低了劳动成本,促进了劳动生产率的提高。因此,能源促进劳动生产率的提高是能源促进技术进步的必然结果。

能源不仅是经济发展不可缺少的燃料和动力,而且能源本身的生产也促进了新产业的诞生和发展。例如,化肥、纤维、橡胶、塑料的制造以及煤炭工业和石油化工等行业的发展不仅促进了能源工业的崛起,创造了一批新兴产业,同时也为其他产业的改造提供了有利的条件。

能源提高了人民的生活水平。反之,随着生活水平的提高,人们对能源的依赖性就越大。民用能源既包括炊事、取暖、卫生等家庭用能,也包括交通、商业、饮食服务业等公共事业用能。所以,民用能源的数量和质量是制约生活水平的主要物质基础之一。

与此同时,人类对于物质生活的追求,促使能源将以更高的效率被利用,用来创造更多的财富。对清洁能源和高效能源的探求促进了新能源及其技术的不断进步。

能源进步与城市化

城市化(也有的学者称之为城镇化、都市化),是由农业为主的传统乡村社会向以工业和服务业为主的现代城市社会逐渐转变的历史发展过程,具体包括人口职业的转变、产业结构的转变、土地及地域空间的变化。2011 年 12 月,中国社会蓝皮书发布,我国城镇人口占总人口的比重首次超过 50%,这标志着我国城市化率首次突破 50%。合理的城市化可以改善环境,例如:通过合理利用能源、绿化环境、修建水利设施等措施,使得环境向着有利于提高人们生活水平和促进社会发展的方向转变,降低人类活动对环境的压力。

城市化进程与能源进步存在着密切的关系。人们最早生活在简单的村落、村镇,使用着基本的能源种类,例如煤炭、木柴、秸秆等。因为有了高密度能源系统的支撑,例如煤气管网、天然气管网、电力网,才逐渐形成了城市。一个城市能源使用的先进程度,也反映了其城市化的进程,包括我们熟知的纽约、东京、上海、北京等特大城市。能源进步伴随着城市的形成、运行和发展,同时,城市化的开展也会加快能源进步,两者相辅相成。

生产方式和生活方式的改变是城市化建设的结果,同时,人们生活质量的提升和生活方式的转变也刺激了能源消费的进步。由于人们生活水平的提高和小城镇建设的加速进行,更多的农村居民转变为城市居民,生活用能方式不断进步。原始的用能方式以居民直接燃烧一次能源为主,能源利用效率低下,浪费严重。城市化带来的集体能源分配方式,使用经转换后的二次能源,简化了分配方式,同时,也提高了能源利用的整体效率,并为保护生态环境提供了前提保障。

城市化进程是资源、技术、人力、资本等要素逐渐聚积的过程。在生活方式上,一部分是对能源商品的直接需求,另一部分通过购买商品和服务转化成为对能源商品的间接需求;而在生产方式中,通过能源初级产品的利用,转化为产品进入人们的生活中,另一部分则通过产业链条的延伸、资源要素的投入,成为对能源产品的间接需求,比如人们日常衣食住行所需的物品、工具,均离不开生产环节使用能源对其的加工。

　　城市化是经济发展过程中一个重要的经济现象,城市化水平的提高不仅改变了人们的生产、生活方式,而且也改变了区域经济的产业结构,使得产业结构向高效、集约的模式协调发展。从产业结构的变迁历程来说,城市化对能源消费的作用有其自身的特点,第一产业在经济发展的过程中对城市化进程起到了基础的推动作用,但由于产业特性所决定,能源消耗量相对较小,而且随着劳动效率的提高,第一产业的能源消耗量在总体趋势上呈下降趋势。以工业为主的第二产业是推动经济发展的重要支柱,能源消费在城市的高度聚集,要归因于工业化的发展。这一阶段高耗能产业发展较快,钢铁、化工、冶金、建材等行业的高速发展,极大地刺激着能源消费的进步。

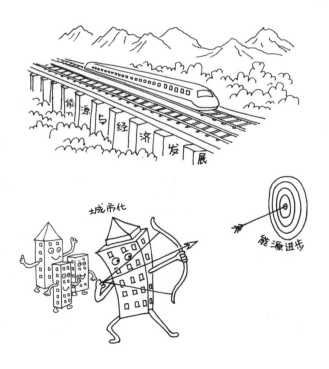

能源贸易

能源贸易是建立在能源基础上的一种贸易形式,以能源作为商品而进行。国际上已经有的能源要素市场包括煤炭、石油、天然气等不可再生资源的贸易,价格高度国际化。为了解决传统能源如石油、煤炭等所带来的日益严重的环境污染和资源枯竭问题,世界各国先后都开始开发利用或正在积极研究除传统能源之外的各种能源形式,核能、太阳能、风能、地热能、氢气等新能源形式正逐渐成为传统能源的候补选择。当前,国际上进行的新能源贸易往来主要集中在其中新的可再生能源产品部分,包括诸如太阳能、风能、现代生物质能等。

能源的国际贸易是能源生产与流通中的一个重要组成方面,是一个国家的能源市场在国际范围内的延展,它既能反映一个国家的能源贸易的国际环境,又能体现该国与国际能源市场的关联程度。能源贸易不仅是国家对外贸易的有机组成部分,更是一国参与国际能源流通与再生产的重要形式,也是各国参与世界范围内能源再分配的主要方式。面对全球能源短缺和资源枯竭的预言,能源的输入与流出活动将关系到国家的能源安全乃至经济安全。世界范围的经验数据表明,在经济高速发展的同时,往往伴随着高能耗与高能源贸易的现象。伴随全球一体化的深化以及世界能源价格的频繁波动,能源贸易已摆上各国贸易谈判的重要议程。

现代经济的每一次大发展,都与能源的国际贸易有着紧密的联系,国际能源贸易对世界各国经济的不同影响,是促成当前世界经济格局的重要原因。以英国为代表的通过产业革命开始并完善的国际煤炭贸易,是发达国家之间的贸易,它既使煤炭出口国形成了强大的煤炭工业体系,又推动了进口国的工业发展,由此产生了一个先进的、工业化的欧洲。第二次世界大战之前,以美国为代表的石油消费与石油输出,形成了以其为主的经济强国集团。波斯湾是当今石油出口的主要地区,世界石油海上运输的三条航线均始于这里,分别为波斯湾—好望角—西欧、北美航线,波斯湾—马六甲海峡、新加坡海峡—日本运输线,波斯湾—苏伊士运河—地中海—西欧、北美运输线。

从当前各国能源供需矛盾、能源资源特点、能源日益增长的需求,以及国家经济安全、国防安全和国际经验等方面看,能源贸易的必要性都毋庸置疑。随着中国经济的飞速发展,能源需求量持续扩大。作为世界上经济增长最快的国家之一,我国的能源消费水平也在大幅攀升,中国已经成为世界上仅次于美国的第二大能源消费大国,能源已经成为中国经济高速增长的必要支撑条件。工业化和城市化进程不断加快,石油、煤、天然气等的需求压力不断加大,然而,除了煤炭资源外,石油、天然气等均不能满足国内当前和长远发展的需求。世界上也没有一个国家能完全依赖本国能源资源来进行建设与发展,大家都在不同程度上利用别国的能源资源作为补充。英国、日本、韩国、新加坡等能源资源贫乏的国家,主要依靠能源贸易来发展本国的经济。

能源危机

　　能源危机是指因为能源供应短缺或者价格上涨而影响经济发展,能源危机通常会造成经济衰退。能源危机并非仅是资源危机,还往往是政治、经济因素综合发生作用的结果,是国与国之间的矛盾在新的政治、经济形势下的产物。能源危机会对能源使用、政治和社会心理三方面造成较大的影响。

　　到目前为止的能源危机主要是以石油等化石能源为主,并且直接与战争挂钩。石油供求严重失衡,价格暴涨,影响和波及世界各地的经济发展,给世界经济发展带来极大的风险。自工业革命以来,人类历史上共发生过两次大的能源危机,而且都是由石油引起的。这通常涉及石油、电力或其他自然资源的短缺。1973~1974年的第一次石油危机,产生于第四次中东战争。为了打击以色列及西方国家,阿拉伯国家使出狠招,提高石油价格、减少生产产量,并且实施对西方国家的禁运令,从而导致油价从每桶3美元增加到每桶11美元。1979~1980年的第二次石油危机,则是由两伊战争引起的。两大产油国的战争造成了国际油价飙升,再次导致西方国家遭受打击。以美国为例,其GDP增长率由1978年的5.6％下降到1980年的3.2％。

　　我国此前曾出现过两次能源危机。第一次出现在1970年至1984年的经济复苏时期,能源需求增长而生产不济,全国持续14年严重缺乏能源。第二次能源危机是相隔不久之后的1988年,这一次的能源危机来势凶猛,煤炭供应全面紧张,全国25％的工业生产能力开工不足,农业用电短缺1/3,造成年损失产值4000亿元之巨。

　　能源危机是人为造成的能源短缺。例如石油资源的蕴藏量不是无限的,目前那些容易开采和利用的储量已经不多了,剩余储量的开发难度也越来越大,到了一定的限度就会失去继续开采的价值。据科学家预计,将会在一代人的时间内枯竭。在世界能源消费以石油为主导的条件下,如果能源消费结构不改变,就会继续发生能源危机。煤炭资源虽比石油多,但也不是取之不尽的。很多学者认为,解决能源危机的出路在于新能源及燃料替代用品的利用。目前主要的替代能源有甲醇、生物能、太阳能、潮汐能和风能等多种新型待开发的能源,以及燃料电池等能源利用技术。因此,我们应该把注意力转移到新的能源结构上,尽早探索、研发和利用新能源。另外,我们的政府部门应该强化节约与提高能源利用效率并重的政策。在可替代煤炭和石油的能源还没有大批量出现之前,我们对煤炭与石油的消费方面就必须大力提倡节约使用能源、提高能源的使用效率。一旦因能源资源消费过快、新的接替能源又跟不上,就难以摆脱全球能源危机,更谈不上经济社会实现可持续发展。如有必要,可以制定强有力的经济政策及行政措施,甚至可以建立新的法律制度等,强制限定各行业及居民的能源利用效率。

能 源 与 社 会

✤ 能源与社会变迁

　　早在远古时代，人类就逐渐掌握了对火的使用，并且学会了砍树、收集树枝和杂草等作为燃料，通过燃烧木柴和杂草来获取热量，从而取暖和烹饪。人类还逐渐学会了利用松脂、油灯、蜡烛等作为照明手段。在从事生产活动方面，古代的人主要依靠的还是人力、畜力，并且能够简单地利用一些水力、风力机械作为动力。这个时期是一个相当漫长的过程，柴草和木炭是人类主要的能源，而有限的能源利用方式，也大大地限制了生产、生活水平的发展。

　　显然，简单地燃烧柴草、木炭并不能满足人类对于能源日益增长的需求。到了 18 世纪，随着第一次工业革命的爆发，机器逐渐代替了手工工具，煤炭的利用也被逐步重视起来，从而使得作为一次能源的煤炭，成为了世界的主体能源。第一次工业革命的主要标志是蒸汽机的发明和应用，通过燃烧煤炭，产生的二次能源蒸汽，推动了蒸汽机的运转，为工业生产、交通运输等各个方面提供了主要的动力。到了 19 世纪 60 年代，全世界已经发展成为以煤炭为主的煤炭时代。第一次工业革命引发了从手工劳动向动力机器生产转变的重大飞跃，能源在其中起到了至关重要的作用。

　　到了 19 世纪中期，人们发现了石油，由于石油资源的发现，推动了能源资源进入一个崭新的时代。相比煤炭，石油有很多优点，比如相对比较洁净，热值高，使用起来比较方便，转换的效率也比较高,而且当时石油的价格低廉。到了 20 世纪 50 年代中期,人们对石油资源的利用得到了迅速的增长,逐渐超过了人们对煤炭的消费量,石油成为世界主体的能源资源。到了 60 年代,世界各国对能源资源的利用进入了以石油、天然气为主的石油时代。在接下来的几十年中,世界各国以石油和天然气作为主体能源,经济建设发展迅速,创造了繁荣的物质文明。

到了今天,人们对能源的利用正处于一个过渡阶段,主要特点是石油、天然气、煤炭等传统能源依然占有很重要的地位,新兴能源如地热能、生物质能、核能等也有了长足的发展,来自大自然的清洁能源如水力、风能、海洋能、太阳能等也得到了人们的重视,并且已经占据了相当的比重。当今世界,是多种能源并存的格局,随着人类对环境保护意识的日益增高,以及传统能源储备量的日益减少,新能源所占比例正在逐渐提高。

社会发展

🕊 能源安全

当今人类社会的繁荣与发展,离不开优质能源的出现和对于先进能源技术的使用。然而,与人类生存息息相关的能源危机问题依然存在,历史上已经出现了数次与能源相关的危机。

第一次能源危机发生在16世纪后半期的欧洲。在这个时期,人类的主要能源还是柴草和木材。由于农业、手工业、商业、航海贸易等各个行业的迅速发展,森林资源的砍伐量急剧增加,市场上的木材供不应求,价格飞涨。当时的能源体系是以木材作为主体,由此出现了有限的森林资源将被开发殆尽且面临崩溃的趋势。第一次能源危机被引发的原因是人类对森林的滥砍滥伐,这也就促使人类开始不断寻求替代木材资源的新能源,从而导致人类开始开发煤炭资源,这也是第一次工业革命的一个重要诱因。

1973年和1979年,石油价格两次上涨,在西方国家引起震荡,这是人类历史上第二次能源危机。1973年10月,埃及和以色列之间爆发了第四次中东战争。阿拉伯石油输出国组织采取提高石油价格,减少原油产量,并实施对西方国家禁运的措施,以此作为对埃及的支持。结果,西方国家(包括日本)经济上遭受了沉重打击。1979~1980年的两伊战争,造成国际油价的飙升,导致西方国家经济再度衰退。值得一提的是日本,日本从1973年石油涨价中吸取经验教训,进行了大规模的产业调整,增加了节能设备的利用,提升了核电发电量,因此,日本在第二次石油涨价时,经济依然保持了33.5%的增长率。

能源,一直在人类社会中占有至关重要的地位,世界各国都非常重视能源的安全问题。在相当长的一段历史时期内,世界各国所面临的能源安全问题都是一些比较固定的因素,所针对的能源安全的观点和策略也是比较传统的,我们称之为传统能源安全观。其中有比较重要的三点,一是进口能源供应的数量是否充足,而且必须是以进口不危及国家安全为前提的;二是进口能源供应的持续性,如果有中断或者暂时短缺,就会造成工业国的经济和政治动荡,也使得资源输出国能够以此挟制能源进口国;三是进口能源必须价格合理。数量充足、持续供应、合理价格成为能源安全问题缺一不可的三个方面。它们中的任何一方面都会对经济发展、政治稳定和国家安全造成很大的影响。

如上所述,传统能源安全观是以供应安全为主要出发点的,而 20 世纪 80 年代以来,又逐渐向着所谓的综合能源安全(Comprehensive Energy Security)方向发展,能源安全被不断地赋予越来越多过去不为人们重视的新内涵。综合能源安全观不仅要重视传统的能源供应安全,还要对其他方面给予足够的关注。其中最重要的两点是能源与经济的关系,以及能源对环境造成的影响。能源供应、经济竞争力和环境质量成为保障国家能源安全的三个基本要素。在一个追求可持续发展的全球化时代,突破传统能源安全观,建立综合能源安全观已经成为制定国家能源战略的一个必然趋势。

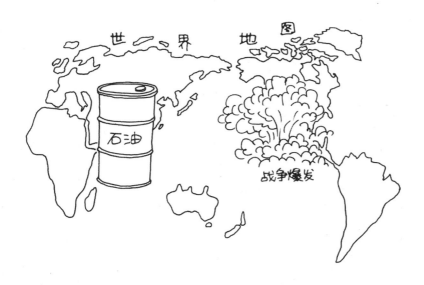

❦ 能源与地缘政治

地缘政治是政治地理学的一种理论,它把地理因素视为影响甚至决定国家政治行为的一个基本因素。根据地缘政治的基本观点,世界各地区政治格局或多或少都会受到地理条件的影响,有时甚至被地理条件所制约。通过对各种地理要素和政治格局的分析,可以预测某个区域范围内各国间的战略形势和政治行为。第二次世界大战后,经济利益已经成为各国最主要的战略目标。在第三次工业革命的推动下,各国工业迅速发展,能源短缺已经成为一个世界各国共同面临的问题。能源涉及复杂的国际政治、经济关系,而地缘政治在研究大国间以及地区间战略与外交等问题时有着重要作用。在如今的经济发展和社会生活中,能源是一种刚性需求。特别是石油,它是创造经济增长的关键因素,能够在很大程度上影响全球政治格局、经济秩序和军事活动,它的地位早已上升到了战略资源的高度。

当今世界能源地缘政治格局主要由三个阵营构成,即能源输出国、能源消费国与能源战略枢纽国。能源输出国一般拥有丰富的能源储藏,每年出口大量能源资源给其他国家,诸如盛产石油和天然气的中东各国以及俄罗斯;能源消费国通常需要从能源输出国进口大量能源,以各个工业大国为代表;而能源战略枢纽国则在整个世界能源格局中有着巨大的影响力,往往左右着世界能源战略布局,美国则是其中最突出的代表。在1975年的石油输出国组织部长会议上,由于沙特阿拉伯的坚持,美元成为石油出口的唯一支付货币。从而使得美国有能力操纵石油价格的波动所带来的"石油美元潮再循环"。无论是能源全球化还是能源区域化的发展,"石油美元潮再循环"仍是能源输出国与能源消费国之间主要的互动模式之一,并且这种"再循环"正在逐渐扩展到新兴经济体和其他发展中国家。同时,在世界能源地缘政治版图中,能源战略枢纽国的作用愈发重要,它对地区及世界局势的发展有着不小的影响力。

美国在世界能源地缘政治中占有主导地位,不过近年来美国的这种地位却屡屡受到挑战。俄罗斯作为能源大国,近几年获得了大量的石油收入,加上国内政治逐步趋向稳定,它在外交和战略方面逐渐展示出坚持自己政治主张、不愿受到美国和西方国家的干涉的强烈意志。委内瑞拉,作为拉美的能源大国,它对美国的控制企图表达了自己强烈的不满与抗争。近几年,委内瑞拉的经济实力通过石油生产和输出,得到了较大的提升,其地区影响力也迅速扩大。委内瑞拉不仅申请成为联合国安理会非常任理事国的一员,还高调与美国"叫板"。伊朗也通过丰厚的石油收入进一步增强了经济实力,成为海湾地区最有影响力的国家之一。正因为如此,"伊朗领导人将更趋大胆,对真主党的资助也变得更轻松"。另外,中国正在和即将开发的苏里格气田、南堡油田,"煤制油"等多个油气项目,以及同伊朗签署的油田开发合同,巴西发现的大型深海油田,印度发现的东海岸和西海岸新油气田等,都将帮助这些发展中大国日益凸显自身在世界能源地缘政治中的地位,对世界能源局势起到制衡作用。

🕊 绿色壁垒

绿色壁垒是指在国际贸易领域,一些发达国家凭借其科技优势,以保护环境和人类健康为目的的,通过立法,制定繁杂的环境保护公约、法律、法规及标准、标志等形式对国外商品进行的准入限制。绿色壁垒是非关税壁垒形式的一种,作为一种全新的非关税壁垒,具有隐蔽性强、透明度低以及名义上的合理性等特点。目前,它已经逐步演变成为国际贸易政策措施的重要组成部分。在当今经济全球化的进程中,贸易自由化越来越受到重视,过去的关税和非关税壁垒受到越来越多的限制,因而很多国家尤其是发达国家对绿色壁垒格外"青睐"。

绿色壁垒的性质和标准都在一直变化着。随着进口国家科技水平的进步,居民对于环境质量不断提出更高要求,环境标准也在不断提高,出口商必须不断改进生产技术,才能达到进口国的环境标准。另外,一旦某个国家实施了某项绿色壁垒,很容易引起其他国家的纷纷效仿。出口国在贸易上遭受的重大打击很大程度上是由于绿色壁垒在多个国家的快速扩散。

一直以来,欧盟的传统能源都已经相对匮乏。为了满足未来对能源的需求,欧盟致力于可再生能源的发展,同时也是为了实现温室气体减排和在"绿色经济"中抢得先机。欧盟国家筑起的"绿色壁垒"来自于促进新能源产业的发展的多种补贴政策,对这些补贴政策应该引起警惕。2001年,欧盟通过立法,扶持可再生能源发电的发展。为了使新能源能够与传统能源一争高下,欧盟国家给予新能源产业政策上的扶持,最主要的是动用补贴手段,帮助新能源产业度过前期研发和初期生产的高成本阶段。在新立法中,欧盟对于新能源产业的补贴手段并没有设置限制,而是让成员国根据自身特点自主决定。成员国可以自主选择支持新能源的种类,也可以选择各种各样的补贴形式。

总的来看,欧盟各成员国为了扶持可再生能源发电,采取的补贴方式大致有两类:价格支持和数量要求。数量要求是指电力供应商所采购的电能必须有一定比例是来自可再生能源。为了促进新能源产业的发展,除了上述两种主要方式外,欧盟国家还采取了各种手段,包括税收减免,贷款优惠,甚至现金补贴等。欧洲不少企业在风能、生物质能等新能源领域遥遥领先,并且能够站在行业的最前沿,这与欧盟及成员国的政策扶持是密不可分的。但是,国际上也出现了质疑的声音,认为欧盟及成员国的一些补贴,妨碍了市场竞争的公平性,似乎对世界贸易组织规则有所违反。

为了积极应对绿色贸易壁垒带来的影响,可以从以下几个方面入手。依据原则,积极抗辩,加强国际合作;加强宣传教育,提高环保意识,保护环境是目前世界发展的大趋势;大力推行环境标准制度和环境认证制度;调整贸易结构和产业结构。对于绿色贸易壁垒的性质,我们应该有全面客观的认识,在看到绿色贸易规范条件具有积极意义的同时,还应清楚地认识到某些国家隐藏于其中的绿色贸易壁垒,因此我们不仅要保护自身权益,而且要推动我国的经济发展适应整个时代的潮流。

能 源 与 环 境

能源与环境的概念

环境泛指人类生产和生活中与之发生联系的自然因素的总和。它支撑着我们的生活,空气、阳光、水、土地、动物、植被等都是环境整体中不可或缺的重要组成部分。当排放到环境中的废物超过了环境所能承受的极限时,人类赖以生存的环境质量就会下降,这就是我们通常所说的环境问题。

能源的不合理消费往往会引发相应的环境问题。在农业社会,人类对能源的需求量很有限,对环境的影响较小。然而,随着工业的迅猛发展和人民生活水平的日益提高,能源的消耗量越来越大。尤其是在发展中国家,能源被过度开发利用,而能源的利用率却很低,污染物排放量大,导致环境污染日趋严重,这些都会对自然环境造成无法弥补的伤害。

与此同时,环境问题的日益凸显也间接影响了能源的消费。目前,环境污染的问题已经从局部地区蔓延至全球范围,酸雨、温室效应和臭氧层空洞已经成为全球最典型的环境问题。另外,一些突发性事故频发,如伦敦烟雾、日本水俣病、切尔诺贝利核泄漏等,越来越引起人们对能源与环境问题的思考。在众多环境问题中,最令人瞩目的当属温室效应。根据《京都议定书》的规定,各国纷纷制定了减排二氧化碳的计划,重点是限制化石能源消费,鼓励能源节约和清洁能源使用。这个约束性的协议有助于二氧化碳减排,但也会对经济发展方式提出更高的要求,能源结构面临调整,产业结构也要升级,高能耗、附加值低的产品将遭到淘汰。环境问题对经济的制约越来越明显,对能源消费也产生了强烈的影响。

在传统的能源消费中,保护环境的同时可能会减少能源的消耗,而在消耗能源的同时又不得不破坏环境。这两者之间如何平衡,已经成为全世界共同面临的难题。

中国正处于经济快速发展时期,不可能一味采取减少能源消费的手段来减少环境破坏。能源的短缺和环境污染的加剧,促使我们必须采取可持续的发展战略。因此,中国必须发展低碳能源技术,以节能为本,提高能源的利用率,大力推进清洁能源的开发和利用。同时,进一步发展新能源,在战略上以新能源代替传统能源、优势能源代替稀缺能源、可再生能源代替化石能源,逐步实现能源利用与环境保护之间的互相和谐。

能源生产对环境的影响

能源生产一般是指一次能源的生产,主要的能源生产包括煤炭、石油、天然气、水力、地热等一次能源的开采。这些能源的生产过程都会对环境造成一定的压力,引起局部的、区域性的乃至全球性的环境问题。

1. 煤炭等矿物质开采对环境的影响

煤炭开采过程中,会导致地表移动,产生裂缝和塌陷,破坏地面生态环境。以我国晋中矿区为例,煤矿开采使矿区 500 多个村庄数万亩耕地受到不同程度的破坏,出现大面积的沉降区和塌陷区,带来许多灾难性的后果。在煤矿开采过程中还会挖出很多碎石,大部分是煤矸石。煤矸石中含有的硫化物容易氧化发热,如果散热不好会产生自燃,同时释放出二氧化碳、二氧化硫等有害物质。另外,煤炭开采时会排放大量的瓦斯气体。瓦斯不仅是井下爆炸事故的隐患,同时也是重要的温室气体之一,它对臭氧层的破坏能力相当于二氧化碳的 7 倍,产生的温室效应相当于二氧化碳的 21 倍,对环境影响极大。除此之外,煤炭开采对地下水的污染也是很严重的。整个煤矿作业中会产生大量的矿井废水和含油废水,由于地下水的流动缓慢且污染具有隐蔽性,污染区域难以确定,仅靠含水层本身的自然净化,难以恢复,对水环境的影响深远。煤炭的开采虽然给人类社会的经济发展提供了强劲的动力,但也不可避免地带来了巨大的环境压力。

2. 石油开采对环境的影响

开采石油,特别是注水采油,往往会引起地层发生变化,同时产生的地层水含有硫、卤素以及锂、钾、溴、铯等元素,导致土壤盐渍化。此外,燃烧废气所产生的浓烟对大气环境也会造成很大的影响。在石油运输途中,可能发生的燃爆和泄露事故更会导致严重的环境灾难。譬如2010年美国墨西哥湾发生了一起漏油事件,漏油长达一个多月,严重威胁了墨西哥湾的生态环境,危及鸟类、鱼类等野生动物的生存。至今,漏油事件的危害仍在继续,当地的海洋生物因海洋大面积污染而大量死亡,附近渔民的生活及生产活动深受影响。石油泄漏事故对生态环境的伤害是无法估量的,它是海洋生态环境的"超级杀手"。

除此以外,其他能源的生产也会对环境造成一定的影响,比如地热能开发会引起地面下沉,导致地下水或地表水受到氯化物、硫酸盐、碳酸盐、二氧化硅的污染;天然气开采过程会排放出大量的废气,包括二氧化硫、烟尘、粉尘、氮氧化物、一氧化碳和烷烃类化合物等污染物,对大气环境造成一次甚至二次污染。

我们可以这样说,能源生产是整个能源生命周期的起点,也是环境污染的开始。尽管污染不可避免,但是我们仍然可以通过一系列的努力去减少能源生产中对环境造成的污染与破坏。

✌ 能源转换对环境的影响

为了满足生产和生活的需要,有时候我们必须改变能源的形式,这样的加工工艺过程就是能源转换。能源转换一般是指一次能源向二次能源转化的过程,如煤发电、气化、产热等。

在能源的生命周期中,从能源的生产到转换,直至能源的最终消费,各个阶段都会对环境造成压力。能源转换的过程也不例外,比如水电、核能甚至可再生能源的开发利用,都会对环境带来一定的影响。

1. 水电开发利用对环境的影响

水电是一种相对清洁的能源,但其对生态环境仍有多方面的不利影响。修建的水库尽管存蓄了汛期洪水,但也截流了非汛期的正常河水,往往会使下游河道水位大幅度下降甚至断流,并引起下游河流周边的地下水位下降。此外,截流一方面造成水体污染物质扩散能力减弱,使水体自净能力受到影响;另一方面也会阻断鱼类洄游,破坏水生生物的生态环境。水库蓄水后还可能诱发地震等自然灾害,大面积的水库也会引起当地小气候环境的变化,这会对库区水生和陆生生物产生不利的影响。

2. 核能开发利用对环境的影响

虽然核能具有来源丰富、安全、清洁、高效等明显的优点,但是核能仍然可能对环境造成严重的污染,对人类社会和经济的可持续发展造成重大损害。核能利用对环境造成的主要是放射性污染。当前,造成环境污染的放射性核素大多来自核电站排放的废物,包括放射性废水、放射性废气和放射性固体废物等。核能利用过程中一旦出现疏忽或差错,其后果不亚于爆发一场小型核战争,有时甚至遗患无穷,给人类的生活乃至生存,投下可怕的阴影。

3. 可再生能源开发利用对环境的影响

对可再生能源的开发利用，从整体上来说较传统化石能源更加清洁安全，但是，在开发利用可再生能源时仍然会带来一些环境问题。比如在风能开发中，风机会产生噪声和电磁干扰，并对景观和鸟类产生负面生态影响。在太阳能利用时，大面积的建设会占用土地、影响景观，而且含镉光伏电池的有毒物质排放也存在一定的环境隐患。生物质能的利用同样会占用大量的土地面积，也可能导致土壤养分损失和被侵蚀，当地的生物多样性被减少。海洋能的利用同样会带来一些问题，建设的潮汐电站会对海岸线生态环境带来一定影响；海洋温差发电装置的热交换器采用氨作工质，一旦发生泄漏事件将会污染海洋环境。

能源转换是能源生命周期的一个重要环节，这种转换过程尽管满足了人类生产和生活的需要，但是也会给环境带来一些不利的影响，甚至造成严重的环境污染，对人类的生存和发展形成威胁。因此，在能源转换的过程中，我们要进一步从技术、管理等各个层面进行改进，尽可能地减少能源转换过程对环境的污染和破坏。

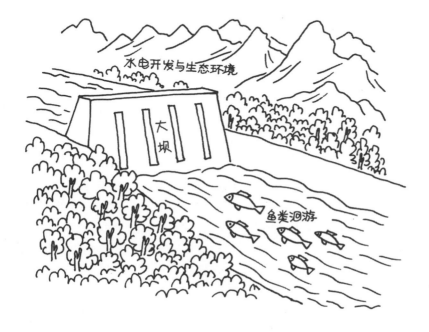

典型的环境污染事件

自工业革命以来,全球工业化和城市化进程急剧加快,这一方面带来能源的大量需求和消耗,另一方面使得工业生产和城市生活的大量废弃物排向土壤、河流和大气之中,造成土壤污染、水体污染以及大气污染,全球环境遭到空前的破坏,重大污染事件屡屡发生。下面,列举几个典型的环境污染事件。

1. 英国伦敦烟雾事件

英国伦敦素有雾都之称,1952 年 12 月 5 日至 8 日,伦敦又一次被浓雾笼罩。这期间,许多人突然患上呼吸系统疾病,患者住满了伦敦的各家医院。在这 4 天中,死亡人数较往年同期增加4000多人,尤其以 45 岁以上的患者死亡人数最多,1 岁以下的婴幼儿患者的死亡率也不断增加。事件发生后的两个月内,还有 8000 多人死亡。据分析,这次烟雾事件的罪魁祸首是燃煤产生的二氧化硫和粉尘。燃煤产生的粉尘表面吸附大量水,成为形成烟雾的凝聚核;另外,燃煤粉尘中还含有三氧化二铁成分,可以氧化另一种燃煤产生的污染物二氧化硫,生成三氧化硫,进而与吸附在粉尘表面的水化合生成硫酸雾滴,这些硫酸雾滴被吸入人体的呼吸系统后会产生强烈的刺激作用,导致体弱者发病甚至死亡。

2. 日本水俣事件

1956 年,日本水俣湾附近发现了一种奇怪的病。由于脑中枢神经和末梢神经被侵害,轻度患者出现口齿不清、步态不稳、面部呆滞、手足麻痹、感觉障碍、全身麻木,重度患者则出现神经失常,或酣睡,或兴奋,身体弯弓并高叫,直至死亡。这个镇上有 4 万居民,在几年中先后有 1 万多人不同程度地患上这种怪病,附近地区也发现了此类患者。据日本熊本国立大学医学院的专家研究发现,怪病的根源是水俣镇一家氮肥公司排放的废水。

这些废水含有汞,排入海湾后经过某些生物的转化形成甲基汞,并在海水、底泥和鱼类中富集,再经过食物链进入人的体内,导致人体中毒。

3. 苏联切尔诺贝利核泄漏事件

1986 年 4 月 26 日凌晨 1 时,距苏联切尔诺贝利 14 千米的核电厂第 4 号反应堆发生了可怕的爆炸,一股放射性碎物和气体冲上 1 千米的高空。这就是震惊世界的切尔诺贝利核污染事件。这次核泄漏事件造成 1 万多平方千米的土地受到污染,其中乌克兰有 1500 平方千米的肥沃农田因污染而废弃,被污染的农田和森林面积相当于美国弗吉尼亚州的面积。此外,乌克兰有 2000 万人受到放射性污染的影响,婴儿成为畸形或残废,8000 多人死于与放射性污染有关的疾病,其远期影响在 30 年内难以消除。

在过去的 100 多年中,社会物质文明高速发展,但是人类居住的环境也在不断地遭到破坏,环境污染事件层出不穷,已经影响到人类的生活与社会的健康发展。如何保护环境,仍然是我们需要认真研究的一个课题。

能源与气候变化

温室效应

在全球化的大背景下，气候变化已经成为国际政治、经济、环境等诸多领域的重要议题。关于气候变化，尽管科学界尚存一定分歧，但联合国政府间气候变化专门委员会（IPCC）气候变化评估报告已经充分表明，全球气候变暖是不争的事实。

温室效应是气候变化这一话题的核心所在。地球在吸收太阳辐射的同时，又把一部分热能以辐射的形式重新送到大气层，地球表面的温度就取决于吸收和辐射之间的平衡。绝大部分太阳辐射热量是以短波辐射的方式到达地面的，而地表辐射的热量是以长波的形式释放的，这部分长波辐射能量容易被大气层中的二氧化碳、水蒸气、甲烷等温室气体所吸收。如果大气中的温室气体成分增加，最终会导致地球温度的逐渐升高。

温室效应的形成原因：在过去的100多年里，人类一直依赖燃烧煤炭、石油和天然气等化石燃料来提供生产生活所需的能源。燃烧这些化石能源所排放的二氧化碳等温室气体进入大气，这些气体具有吸热及隔热的功能，它们在大气中增多的结果是形成一种无形的玻璃罩，使太阳辐射到地球上的热量无法向外层空间反射，导致温室效应增强，进而引发全球气候的变化。此外，大约1/5的温室气体的增加是由于地球表面森林被破坏，减少对二氧化碳的吸收能力。另外，一些特殊的工业生产过程、农业和畜牧业生产过程也会产生少许温室气体的排放。

自工业革命以来，人类向大气中排入的温室气体逐年增加，

大气的温室效应也随之增强,在全世界引起了一系列严重问题,其对环境的影响主要有如下几个方面:

第一,全球气候变暖。世界气象组织宣布,刚刚过去的2000年至2010年是有记载以来最暖和的十年;并且2006年公布的气候变化经济学报告指出,如果我们继续现在的生活方式,到2100年全球气温将有50%的可能上升4℃多。

第二,海平面上升。根据政府间气候变化专门委员会的《排放情景特别报告》估计,从1990年到21世纪80年代,全球海平面将平均上升22~34厘米。

第三,气候极端变化。全球气候变化以及相关的极端气候事件所造成的经济损失在过去40年内平均上升了10倍。

第四,物种灭绝。联合国政府间气候变化专门委员会2007年发布的第四次评估报告指出,在未来的六七十年内,气候变化将会导致大量的物种灭绝。

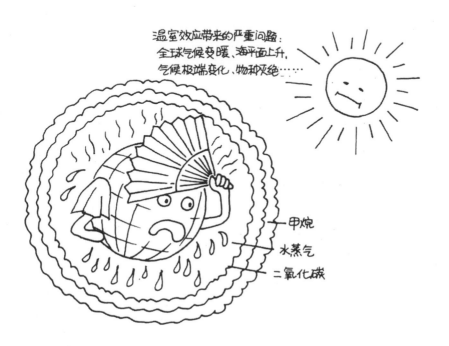

联合国环境与发展大会

1992 年 6 月 3 日至 14 日,联合国在巴西首都里约热内卢召开了环境与发展大会。这是继 1972 年 6 月瑞典斯德哥尔摩联合国人类环境会议之后,又一次筹备时间最长、内涵最为丰富、与会级别最高、规模最大的国际重要会议,曾被誉为"全球高峰会议"。该会议共有 183 个国家代表团,70 个国际组织的代表参加,102 位国家元首或政府首脑到会讲话。本届大会的会徽是一只巨手托着插着一支鲜嫩树枝的地球,告诉人们:"地球在我们手中。"

全球高峰会议会徽

联合国秘书长加利在致词中说:"这次会议是联合国历史的新起点,将进一步动员全球人民关心环境与发展问题。"此次会议是世界环境与发展史上一个重要的里程碑,它标志着人类环境与发展从此迈入了一个新的历史发展阶段,同时它也对过去二十年间环境发展作出了阶段性的总结。

会议秘书长莫里斯·斯特朗说:"全球会议的首要目标,是为发展中国家和工业化国家在互相需要和共同利益的基础上,奠定全球伙伴关系的基础,以确定地球的未来。我们必须在环境与发展之间找出可行而公正的平衡关系。"

当时,世界各国面临的首要问题就是责任的划分,特别是导致全球气候变暖的温室气体的产生,究竟是该由发达国家还是发展中国家担负起主要责任。最后,会议通过了《气候变化框架公约》。公约指出,每个国家都要承担起应对气候变化的义务,但发达国家尤其应该对其历史排放与当前高人均排放负责,此为"共同但有区别的责任"原则。

会议还通过了《里约环境与发展宣言》和《21 世纪议程》两个纲领性文件以及《关于森林问题的原则声明》。其中《里约环境与发展宣言》指出：和平、发展和保护环境是互相依存、不可分割的，世界各国应在环境与发展领域加强国际合作，为建立一种新的、公平的全球伙伴关系而努力。该宣言为今后在环境与发展领域的合作确定了指导原则，这是对建立国际新秩序的一次积极的探索。

中国领导人也积极参与到此次会议中，时任国务院总理的李鹏应邀出席了首脑会议，发表了重要讲话，进行了广泛的高层次接触。国务委员宋健率中国代表团参加了部长级会议，并作了重要发言。里约会议以后，我国从自己国情出发，制定了《中国21世纪议程——中国21世纪人口、环境与发展白皮书》，将可持续发展战略作为实现现代化的一项重大战略，在纳入计划、能源建设、宣传教育、地方试点等方面做了大量工作。1997年召开了第十九届特别联大，评估里约大会五年来执行《21世纪议程》的进展，并向大会提交了《中国可持续发展国家报告》，我国在推进可持续发展方面取得的成就受到国际社会高度评价。

🕊 绿色和平组织

绿色和平组织是一个全球性环保组织,致力于以实际行动推进积极改变,保护地球环境与世界和平。国际绿色和平组织由世界各地的分会组成,总部设在荷兰的阿姆斯特丹,目前有超过1330名工作人员,分布在30个国家的43个分会。其使命是:"保护地球、环境及其各种生物的安全及持续性发展,并以行动做出积极的改变。"不论在科研或科技发明方面,绿色和平都提倡有利于环境保护的解决办法。对于有违以上原则的行为,绿色和平组织都会尽力阻止。其宗旨是促进实现一个更为绿色、和平及可持续发展的未来。自成立以来,绿色和平组织成员表现了勇敢独立的精神,坚信以行动促成改变。同时,通过研究、教育和游说工作,推动政府、企业和公众共同寻求环境问题的解决方案,该组织逐渐发展成为全球最有影响力的环保组织之一。

绿色和平组织主要从事污染防治、森林保护、海洋保卫、农业整治,对抗气候变化等方面的工作,具体如下所述:

第一,污染防治。有毒有害物质存在于水体中、电子垃圾中,存在于我们生活中的很多方面。绿色和平组织的污染防治项目从推动"清洁生产"、"公众知情权"及"企业信息公开"等方面入手,汇集政府、公众、企业、专家和关心污染问题的公众的力量,通过见证、取样、调查等多种途径的工作,努力促成积极的改变。

第二,森林保护。绿色和平组织一直努力保护地球上仅存的原始森林和栖息在其中的人和动物。组织与政府、企业和消费者各方面共同行动,多年来不仅保护了全球原始森林的可持续发展,也通过对公众的宣传教育,提高了公众对森林有利的消费意识。

第三,海洋保卫。为了保护鲸类和大海里所有的鱼,绿色和平组织致力于阻止捕鲸、限制捕捞量、建立太平洋海域保护区、禁止超级围网渔船进入太平洋海域、立即停止所有大型延绳钓和围网渔船的建造、加强太平洋的执行和监督任务,以减少非法捕鱼活动。

第四,农业整治。我们每日所食用的蔬菜、水果、大米等,现在均面临重大危机。这不仅仅是食品的不安全,依赖农用化学品的农业生产方式正在严重地影响着我们赖以生存的环境。无论是转基因食品,还是过量使用农药化肥,都不会带来可持续的绿色未来。绿色和平组织敦促政府和企业减少使用农药和化肥,防止农药化肥污染,并向生态农业转型,这才是农业发展的可持续道路。

第五,对抗气候变化。要避免气候变化的严重影响,有两种主要路径,即利用可再生能源和提高能源使用效率。在能源需求日益膨胀的今天,能源的多元化和高效性将会是全球低碳发展中亟待解决的问题。绿色和平组织积极倡导以应对气候危机为出发点的能源革命,引领低碳潮流。绿色和平组织在气候变化与能源方面的工作主要集中在推动中国摆脱煤炭依赖、亲身见证气候变化影响、倡导可再生能源革命和追踪国际气候谈判几个方面。

全球性的环境保护

应对气候变化

全球气候变化已经严重制约了整个社会的发展，不断上升的能源需求以及能源领域所产生的二氧化碳排放使得这一考验变得更加严峻。如何应对气候变化带来的挑战已经成为我们共同的责任和使命。从能源战略角度来分析，应对全球气候变暖的策略主要有如下所述 4 点。

第一，提高能源利用效率。全球气候变化主要是由人类工业生产过程中大规模的化石燃料燃烧所排放的温室气体导致，因此，提高传统能源利用效率成为应对气候变化的重要途径。魏茨泽克在《倍数 5》中提到"到 2020 年如果有 5 倍数的能源生产率提高，即减少能源强度或者二氧化碳强度 80％，就可以达到二氧化碳减少 25％～40％ 的中期发展目标"。提高能源利用效率，代表消耗较少能源但得出同样功效。例如：节能汽车、节能灯、改良的工业程序、建筑节能和其他相关的技术。

第二，能源利用智能化。能源利用智能化是能配技术、网络技术、通信技术、传感器技术、电力技术、储能技术等的合成，对于低碳全球化具有推动作用。它通过把能源与数字智能网结合起来，实现更加灵活的能源供需调配，有利于全面地、大幅地减碳。国家能源局在"21 世纪低碳中国发展高峰会"上明确了在"十二五"期间我国将扩大可再生能源的比重，全面提升产业能力，特别是加大风电、太阳能的开发力度，构造一个以核电为基础，以水电为调节，以风电、太阳能等新能源为电量主体来源的智能化能源系统。

第三，建立低碳化能源体系。低碳能源是替代高碳能源的一种能源类型，它是指二氧化碳等温室气体排放量低或者零排放的能源产品。当今形势要求整个能源结构加速向清洁高效的方向转换，应尽可能开发和利用太阳能、风能、生物质能、核能、地热能等清洁能源和可再生能源来替代煤炭、石油等化石能源，减少二氧化碳等温室气体的排放,完善能源体系,使其充分符合可持续发展的要求。这一切都需要实行低碳产业体系,包括火电减排、新能源汽车、建筑节能、工业节能与减排、循环经济、资源回收、环保设备、节能材料等。

第四,碳捕集与封存。将含碳燃料利用过程中所产生的二氧化碳与其他气体分离并捕集,安全长久地封存在地质层中,避免其排放入大气中造成温室效应。全球二氧化碳封存量大约为94亿吨,该技术对工业减排有重大意义,是实现主要工业行业深度减排的必要途径。我国也相当重视该项技术的发展。2012年8月6日,我国首个二氧化碳封存至地下咸水层的全流程示范工程建成投产一年多来,已累计封存二氧化碳4万多吨,取得了碳捕获与封存(CCS)技术领域的突破性进展。

我国的主要能源
——煤炭

煤炭成因与种类

煤炭成因

春去秋来，万物更替，在过去的亿万年时间里有各种各样的生物沉睡在我们脚下的土地中，慢慢地转变成了各种各样的资源，煤炭就是一种由一些原始植物转变而成的资源。纵观整个地质时代，全球范围内出现了三个大的成煤期：第一个是古生代的石炭纪和二叠纪，成煤植物主要是孢子植物；第二个是中生代的侏罗纪和白垩纪，成煤植物主要是裸子植物；第三个是新生代的第三纪，成煤植物主要是被子植物。

原始植物遗骸被埋在地层中，在隔绝了空气并在一定的压力和温度条件下，经过复杂的生物化学变化和物理化学变化，逐渐形成的一种固体可燃性矿物。这一过程也被我们称为成煤作用。

成煤作用可以分为两个阶段：第一阶段是泥炭化阶段或腐泥化阶段，主要是经历了生物化学作用，第二阶段是煤化阶段。泥炭化阶段是指高等植物遗骸经过生物化学变化转变成泥煤的阶段，腐泥化阶段是指低等生物遗骸经过生物化学变化转变成腐泥的阶段。当泥炭或者腐泥由于地壳的运动被其他沉积物覆盖时，成煤作用就开始进入第二阶段，也就是煤化阶段。

煤化阶段也可以分为两个连续作用：成岩作用和变质作用。成岩作用是指泥炭或腐泥在沉积物的压力作用下，发生压实、胶体老化、失水固结等一系列变化。此时，生物化学作用逐渐消失，煤炭的化学组成发生缓慢的变化，逐渐形成密度较大的褐煤。变质作用是指褐煤要进行进一步的转变时发生的作用，在这个过程中,煤炭的内部分子结构、物理性质和化学性质等均发生了较大的变化。在不同的地质条件下,会有不同的压力和温度,变质作用的程度也会有较大的差异,随着煤化程度的提高,煤炭中的炭含量会增加,氢和氧等的含量会较少。

一座煤矿的煤层厚薄与这一地区的地壳下降速度及植物遗骸堆积多少有关。地壳下降的速度快,植物遗骸堆积得厚,这座煤矿的煤层就厚;反之,地壳下降的速度缓慢,植物遗骸堆积得薄,这座煤矿的煤层就薄。又由于地壳的构造运动使原来水平的煤层发生褶皱和断裂,有一些煤层埋到地下更深的地方,有的又被排挤到地表,甚至露出地面,比较容易被人们发现。还有一些煤层相对比较薄,而且面积也不大,所以没有开采价值。

孢子植物、裸子植物和被子植物

1

植物遗骸被埋在地层中

2

经生物化学和物理化学变化后形成煤炭

3

地层中的煤

4

煤炭种类

现在煤炭已经成为了我们生活中不可缺少的一部分,为了更好地利用煤炭,我们就要对煤炭进行分类。下面,我们先来了解一下常用的煤质指标:水分、灰分、挥发分和发热量。

煤炭中的水分包括外部水分、内部水分和化合水分,水分的含量多少取决于煤炭的内部结构和外界水分。煤炭中的水分包括外在水分和内在水分两部分,外在水分是指在煤炭开采、洗选和储运过程中,吸附在颗粒表面和大的空隙中的水分。水分增加会对燃烧带来不利影响,还会增加烟气体积,加剧低温腐蚀和堵灰。灰分是燃料完全燃烧后形成的固体残余物的通称,主要成分是由硅、铝、铁、钙以及少量的镁、钛、钾、磷等元素组成的化合物。挥发分是指在隔绝空气的情况下将煤炭加热到约850 ℃,从煤炭中有机物质分解出来的液体和气体产物。煤炭的发热量是指单位质量煤炭完全燃烧时所放出的热量。

煤的分类方法有:

(1)煤的成因分类:成煤的原始物料和堆积环境分类,称为煤的成因分类;

(2)煤的科学分类:煤的元素组成等基本性质分类,称为科学分类;

(3)煤的实用分类:煤的实用分类又称煤的工业分类,按煤的工艺性质和用途分类,称为实用分类,中国煤分类和各主要工业国的煤炭分类均属于实用分类。

根据煤化程度(煤中挥发分的多少,并考虑水分和灰分)可以粗略地将动力用煤分为无烟煤、贫煤、烟煤和褐煤。

无烟煤:无烟煤的煤化程度最高,因燃烧时无烟而得名,颜色呈带有银白或古铜色的灰黑色,干燥无灰,挥发分的含量较少,挥发分析出的温度也较高,结焦性差,储藏时稳定不易自燃,多用于民用煤和化工用煤。无烟煤着火和燃尽都很困难。

贫煤:贫煤是煤化程度最高的烟煤。我国的贫煤中含硫量含灰量均高,燃点高,热值较高。多用于动力用煤。挥发分一般在10%～20%。它的着火和燃尽特性优于无烟煤,但仍属反应性能较差的煤。

烟煤:烟煤是中等煤化程度的煤。烟煤干燥无灰且挥发分含量较高,一般在20%～45%,水分和灰分较少,因而发热量较高。烟煤容易着火和燃尽,但对于高灰分的烟煤,着火和燃尽都比较困难。

褐煤:褐煤是煤炭中炭化程度最低的一类,颜色呈褐色。褐煤的水分、灰分含量较高,煤质松,多用于化工、气化和民用煤。

2009年6月,国家标准局发布《中国煤炭分类国家标准》(GB5751－2009),依据干燥无灰基挥发分Vdaf、粘结指数G、胶质层最大厚度Y、奥亚膨胀度b、煤样透光性P、煤的恒湿无灰基高位发热量Qgr,maf等6项分类指标,将煤分为14类。即褐煤、长焰煤、不粘煤、弱粘煤、1/2中粘煤、气煤、气肥煤、1/3焦煤、肥煤、焦煤、瘦煤、贫瘦煤、贫煤和无烟煤。这是目前我国对煤种最细的分类。

动力用煤可以分为:无烟煤、贫煤、烟煤、褐煤

煤 煤 煤

煤炭的开采过程

🐦 煤炭资源开发

　　世界上煤炭储量十分丰富,居各能源之首,约占各种能源总储量的90%,世界一次能源消费量中占30%左右。按目前全球储量的规模还可持续开采约200年,2006年底,世界煤炭的探明储量主要集中在美国(27.1%)、俄罗斯(17.3%)、中国(12.6%)、印度(10.2%)、澳大利亚(8.6%)等国。我国更是煤炭消费大国,70%以上的能源依靠煤炭获取,而且我国煤炭资源储量在世界居于前列,因此煤炭资源的开发利用有重要的意义。

　　煤矿呈层状储存,分布范围广,储量大,煤质脆、易切割破碎,开采时常伴有水、火、瓦斯等灾害威胁,所以与开采其他矿藏相比,采煤技术有一些不同的特点。由于埋在地底的煤炭成煤条件不同,地质情况不同,而且又有深有浅,所以对不同的煤炭也要用不同的开采方法。开采方法可以分为露天开采和地下开采,通常采用机械化方法,少数采用水力采煤等方法。在开采煤炭之前,必须对周围地质情况进行勘探,需要查明地层中煤炭的分布、倾角、储量,以及该地区的地质构造、水、瓦斯等开采条件,并以此设计出开采的实际方法,然后合理地规划矿区的建设规模、矿井数目、产量和建设顺序。

　　随着现代科学技术的不断发展,煤炭的开采方法也在迅速发展。开采效率较高、生产成本较低的露天开采方法逐渐扩大,到目前为止,露天开采的煤炭量占世界煤炭产量的40%以上,其中美国、俄罗斯、德国等发达国家的露天开采煤炭量更是高达

60％～80％。露天开采的规模逐渐变大,开采的工艺也逐步变得多样化,尤其是设备计算机化后,使得开采的效率得到了很大的提高。

　　煤炭的合理开采更是要注意到开采对生态环境的影响,减少开采过程对环境的污染,以及开采过程中的安全问题,这是更为重要的问题。然而,煤炭资源的开发将会对环境造成多种冲击。地下开采可能会导致地面塌陷和重金属污染;露天煤矿会让土地无法再使用。洗煤厂所产生的酸性矿山排水可能渗入河流中,造成生态污染,给人们的身体带来不良的影响。为有效防治煤炭开采过程中产生的环境污染和生态破坏,使煤矿矿区的生态环境逐步步入良性循环的发展轨道,在开采煤矿时应对废弃矿井外排的废水进行处理;对环境污染和生态破坏严重的区域进行综合治理;做好矿区植被恢复工作等。

❧ 地下开采

地下开采，顾名思义就是在地下对煤炭进行开采。而如何在地下进行开采工作呢？这就需要首先在地层中开凿出一些井巷，通过这些井巷来对地层中的煤炭进行开采，因此，地下采煤也称为井工开采。对于倾斜角度较大的煤层，一般自上而下分为几个阶段，在各个阶段中又分为若干采区。开采煤炭时，先在第一阶段依次开采各个采区的煤炭，然后转移到下一阶段开采。

地下开采主要包括开拓、采切（采准和切割工作）和回采三个步骤。开拓是为了由地表通达矿体而开凿的竖井、斜井、斜坡道、平巷等井巷掘进工程。采准是在开拓工程的基础上，为回采矿石所做的准备工作，包括掘进阶段平巷、横巷和天井等采矿准备巷道。切割是在开拓与采准工程的基础上按采矿方法所规定在回采作业前必须完成的井巷工程，如切割天井、切割平巷、拉底巷道、切割堑沟、放矿漏斗、凿岩硐室等。回采是在采场内进行采矿，包括凿岩和崩落矿石、运搬矿石和支护采场等作业。

地下开采根据落煤技术一般可以分为机械落煤、爆破落煤和水力落煤。其中水力落煤的矿井中常常采用水力运物和水力提升过程，所以我们一般将其统称为水力采煤，简称"水采"。水采的经济适用性比较差，而且还受到自然条件等的约束，在实际生产中运用得比较少。一般我们把机械落煤、爆破落煤等相关技术称为旱采，旱采的应用较为广泛。

根据采煤方法的不同，可以将旱采分为壁式采煤法和柱式采煤法。

壁式采煤法还有多种分类。根据煤层厚薄不同，可以分为整层开采和分层开采；根据工作面推进方向不同，可以分为走向长壁采煤法和倾斜长壁采煤法。壁式采煤法的特点是回采工作面的长度较长，工作面的两端会有运输、通风和行人的通道；而在回采工作面向前推进时需要进行支护，采空区也要在推进的过程中及时进行处理。壁式采煤法便于大型机械的进入，因此也具有采煤量高、采出率高等优点。

柱式采煤法是采空区顶板利用回采工作面周边或两侧的煤柱支撑，采后不随工作面推进而是及时处理采空区的一种采煤方法。柱式采煤法一般可以分为房式采煤法、房柱式采煤法和巷柱式采煤法。柱式采煤法的特点是工作面较短，可以多个工作面一起运行，煤炭回采工艺较为简单，生产时较为灵活。但是由于工作面较短，切割巷道多，整个生产系统就较为复杂，这也使得煤炭开采过程中的损失较大，回采率较低。

虽然地下开采较为复杂，但是在我国还是以地下开采为主，因此提高地下开采的规模和效率，将是我国煤炭开采技术需要进一步发展的重要目标。

露天开采

露天开采是对一些距离地表较近的煤炭层进行开采的方法，需要剥离大量土岩，以揭露矿体。其中剥离量与采矿量的比值称为剥采比，是衡量露天开采经济效果的重要指标。根据地形条件的不同，采场在上部境界封闭圈以上的部分称为土坡露天矿，封闭圈以下的部分称为凹陷露天矿。相对于地下开采，露天开采有其开采效率较高、生产成本较低、建设周期较短、安全性较高、劳动条件较好等优点。然而，露天开采由于设备购置费用较高而造成初期投资较大，受到气候的影响较大，对自然环境的危害也较大，甚至可能占据大量的农田。随着现代开采技术的迅速发展，开采设备也变得越来越先进，因此，适合露天开采的矿源也越来越多了。

露天开采和地下开采相比，有以下优点：

（1）受开采空间限制较小，可采用大型机械设备，从而可大大提高开采强度和矿石产量；

（2）劳动生产率高，一般为地下开采的 $5 \sim 10$ 倍；

（3）开采成本低，一般为地下开采的 $1/4 \sim 1/3$；

（4）矿石损失贫化小，损失率和贫化率不超过 $3\% \sim 5\%$；

（5）对于高温易燃的矿体，露天开采比地下开采更为安全可靠；

（6）基建时间短，约为地下开采的一半，开采 1 吨矿石的基建投资也比地下开采的低；

（7）劳动条件好，作业比较安全。

露天开采的主要缺点如下所述。

第一，在开采过程中，穿爆、采装、汽车运输、卸载以及排岩等作业粉尘较大，汽车运输排出的一氧化碳逸散到大气中，废石场的有害成分在雨水的作用下流入江河湖泊和农田等，污染大气、水域和土壤，将危及人民身体健康，影响农作物及植物的生长，使生态环境遭受不同程度的破坏。

第二，露天开采需要把大量的剥离物运往废石场排弃，因此废石场占地较多。

第三,气候条件如严寒和冰雪、酷热和暴雨等,对露天开采作业有一定的影响。

露天开采虽然在经济上和技术上的优越性巨大,但它还不能完全取代地下开采。当开采技术条件一定时,随着露天开采深度的增加,剥岩量不断增大,达到某一深度后继续用露天开采,在经济上不再有利,在这种情况下就应转入地下开采。

我国能进行露天开采的煤炭资源不多,主要分布在辽宁、内蒙古、山西、云南、陕西等地,储量约占原煤总储量的 5.56%。从 1992 年开始,我国自行设计、建设的第一座大型露天煤矿——霍林河一号露天煤矿建成投产。随后,我国又陆续开发了多个大型露天煤矿,在"十一五"期间,我国又重点建设了 10 个千万吨级的现代化露天煤矿开采基地。

在露天开采中,主要涉及的技术问题和生产管理问题有开采工艺、开采程序、露天开采生产调度、露天矿边坡稳定、露天矿开拓、疏干排水、矿山环境保护等。而露天开采的各个生产环节是相互联系的,构成了多环节的动态系统,为了能让整体系统达到最优化,目前主要是应用电子计算机、运筹学和系统工程等技术进行生产和管理。

露天开采

❧ 煤矿安全

随着煤炭需求量的日益增加,煤炭的开采量也随之增大,因此煤炭开采过程中的安全问题越来越受到社会各界的关注。在我国,常见的煤矿安全问题有瓦斯爆炸、煤尘爆炸、透水事故、矿井失火等。

煤矿安全问题可以从以下几个方面来进行防治。在预防瓦斯爆炸方面,应该注重完善煤矿中的通风系统,发展智能化的通风技术,重视瓦斯的抽放以及煤层气开采技术、瓦斯预测预报及防治技术。在预防煤尘爆炸方面,需要发展综合的防尘技术、爆炸的预防与控制技术。在预防透水事故方面,需要研究突水的规律,发展预测预报技术及注浆堵水综合配套技术。在预防矿井失火方面,需要采用色谱分析法测定煤层的自燃倾向,用多参数监测系统进行预测预报,发展隐蔽火源探测技术及各种灭火技术。

我国对于煤炭的需求量非常大,产煤量也较大。我国煤矿事故发生的原因有多种多样,比如生产失误、器材老化和盗采煤矿等,其中,让我们印象最深的就是盗采煤矿。有时候,我们能从新闻报道中看到,一些地方的政府官员与煤矿主进行一些权钱交易,这让那些本来存在安全问题而关闭的煤矿能够重新进行开采,这就对开采煤矿的工人们的生命安全造成了严重的威胁,悲剧就此发生了。

国内矿难频频,说到底,是企业片面追求利润,而漠视安全生产。经济学说,唯利是图乃资本的天性。私营小矿主为多赚钱,必千方百计压低成本。如果投资安全设施,会加大成本,挤占利润。毕竟,从矿主的观点来看,矿难是小概率事件,不会天天有。矿主如此心存侥幸,自不肯在"安全"上花大钱,能省即省。退一万步,即使出了事,死了人,不过是赔钱。由于赔偿标准低,对腰缠万贯的矿主来说,乃九牛一毛,没有切肤之痛。

同时,由于现在都知道煤矿苦,煤矿工人收入低,没人想去学习煤矿管理方面的知识,煤矿院校都改行不开设煤矿专业,造成煤矿人才奇缺,为了解决煤矿人才问题,各个煤矿主管部门都从现在煤矿从业人员中挑选一批人员去煤矿院校参加学习,这批人本身文化水平就低,加上在学校也没有专心学习,回来后就放到管理岗位上去,不能达到预期效果。

近些年来,我国的煤矿安全状况得到了很大的改善。煤矿事故的死亡人数从 20 世纪 90 年代平均每年 7000 多人下降到了 2011 年的 1973 人,首次降至 2000 人以下。从各地区的情况来看,贵州、湖南、四川、云南、重庆五地仍然是煤矿事故发生的重灾区,也是全国煤矿事故死亡人数上百的 5 个地区。

预防矿难也有一些对策,例如:加强政府的宏观调控力度,进一步调整经济增长模式;重视政府工作中的腐败现象,坚决打击矿主和腐败官员的共同利益;提高矿工的死亡补偿标准和明确矿难责任;加大煤矿职工的安全培训等。

煤炭的利用过程

煤炭的洗选加工

煤炭洗选加工又称选煤，主要是利用煤与杂质（在煤生成、开采、运输过程中混入的杂质）在物理和化学性质上的差异，通过物理或化学分选的方法使煤炭和杂质实现有效分离，并加工成产品，以便更好地适合冶金、发电、化工等生产的需求。煤炭洗选加工是提高煤炭产品质量、满足用户需求、提高资源利用效率、实施环境保护的一种有效途径，也是实现煤炭资源清洁、高效、综合利用的重要措施。

物理洗选和化学洗选是目前较为常用的两种选煤技术。

物理洗选方法主要是根据煤炭和杂质在粒径、密度、硬度、磁性等物理性质方面的差异进行洗选和加工的一种技术。最为常用的物理选煤方法有重介浅槽选煤、浮选法、重力选煤、风力选煤等。重介浅槽的分选原理是在相对静止的重介悬浮液中按照煤和矸石密度的不同进行自然分层，由于分层明显，所以能达到精确的分选效果。常规的物理选煤技术一般可除去煤炭中60％的灰分和40％的黄铁矿硫。

浮选法属于物理选煤技术的另一类方法，是根据矿物表面物理化学性质的差异进行分选的，主要包括机械搅拌式浮选和无搅拌式浮选。

化学洗选方法是利用化学反应将煤炭中的可燃成分富集，并除去杂质和有害成分的一种加工工艺。包括碱处理法、氧化法和溶剂萃取法等。化学洗煤不仅可以将原煤中的大部分黄铁矿硫脱除,还可以将煤中以化学态存在的有机硫和氮化物分离出来,这是物理洗选法无法做到的。

选煤工艺一般包括 3 个过程,即原煤的预处理、煤炭的分选、产品的干燥和脱水。原煤经洗选之后,可大大提高煤炭质量,有助于煤炭利用效率的提高,并减少燃煤污染物的排放,同时还可以降低运输成本。

目前,我国的煤炭加工工艺与国外相比还有差距,发达国家原煤已全部洗选,洗选效率在 95% 以上,而我国的原煤入洗率只有 50% 左右,因而商品煤的质量不高,造成煤炭利用率低下、环境污染严重等后果。作为世界上最大的产煤和耗煤大国,中国距离煤炭的洁净加工和高效利用这一目标依然是任重而道远。

煤炭的燃烧过程

目前,燃烧是煤炭的主要利用方式,即迅速地、最大限度地释放出热能;煤炭燃烧将产生气体化合物及固体炭的残留物,燃烧放出的热量可以用于供热和发电。

煤炭的燃烧过程是一种复杂的物理化学反应的过程;一般可将其分为干燥、挥发分着火、焦炭燃烧以及燃烬四个阶段。

当煤炭受热温度不断升高时,煤炭中的水分首先蒸发,接着挥发分析出,当温度达到着火点时挥发分着火燃烧,挥发分燃烧的速度非常快,一般只占煤炭燃烧总时间的10%左右。在挥发分燃烧的过程中,煤炭逐渐变成焦炭(煤炭中余下的碳和灰组成的固体物)且温度不断升高,当温度达到着火点时固定碳开始剧烈燃烧,并释放大量热能;煤炭的燃烧速度和燃尽程度主要就取决于这个阶段,该阶段占燃烧总时间的90%左右;在燃烬阶段,灰渣中的焦炭尽量完全燃烧,以提高煤炭燃烧效率。

焦炭的燃烧反应是一种气固两相反应,发生在焦炭表面和空气之间,一般认为整个过程包括一次反应和二次反应两种反应过程:

一次反应:

(1) $C(固) + O_2(气) \longrightarrow CO_2(气) + 409.15$ 千焦/摩

(2) $C(固) + 0.5O_2(气) \longrightarrow CO(气) + 110.52$ 千焦/摩

二次反应:

(3) $C(固) + CO_2(气) \longrightarrow 2CO(气) - 162.63$ 千焦/摩

(4) $2CO(气) + O_2(气) \longrightarrow 2CO_2(气) + 571.68$ 千焦/摩

总反应: $aC(固) + bO_2(气) \longrightarrow cCO_2(气) + dCO(气) + 热量$

可见,煤炭中碳含量越高,其发热量就越大;燃烧反应越彻底,释放出的热量也就越多。除了式(3)为吸热反应之外,其余反应均是放热的氧化反应,反应产物主要为 CO 和 CO_2。

煤炭燃烧要达到一个很好的效果,必需满足 3 个条件:

(1) 温度:温度越高,化学反应速度就越快,燃烧也就越迅速；

（2）空气：空气冲刷碳颗粒表面的速度越快，碳和氧的接触就越好，燃烧也就越快越充分；

（3）时间：煤炭燃烧的时间越长，燃烧就越完全。

由于不同地区和不同煤层出产煤炭的煤质和成分有很大差别，因而其燃烧过程也各不相同。煤炭主要是由有机物组分和无机物组分这两种形式构成，而且是以有机物为主的。碳、氢、氧是构成有机物质的主要元素，含量在90%以上；在煤炭燃烧过程中，碳和氢是产生热量的主要元素，而氧是助燃元素。煤炭中的无机物质的含量较少，主要为矿物质。在煤炭燃烧过程中，水分蒸发要吸收一些热量，因而降低了煤炭的发热量；矿物质（如硫化物、硫酸盐、碳酸盐等）是煤炭的主要杂质，其燃烧灰化及排渣过程会吸收并带走一部分热量，从而也降低了煤炭的发热量。

氮、硫、磷、氟、氯等是煤炭中的有害成分，其中硫元素的危害最大。大部分硫分会在煤炭燃烧过程中转化成二氧化硫气体，随烟气排入大气中，再经过一系列复杂的大气物理和化学过程，变成酸雨降到地面，造成酸雨污染。

煤炭燃烧后的净化处理

烟气除尘

目前,由燃煤产生的烟尘总量占我国烟尘总排放量的 60％以上。烟尘主要是以颗粒物的形式悬浮在大气中,小于 10 微米的颗粒物通常被称为 PM10,又被称为可吸入颗粒物或飘尘。这些颗粒物可吸附病原细菌,一旦被人体吸入,将会对人们的健康造成伤害。此外,烟尘长期漂浮在空气中,还将降低空气的能见度,影响植物的光合作用。因此,烟气除尘是煤炭燃烧利用过程中的一个突出问题。

目前,通常采用以下几种除尘技术进行烟气排放前的除尘处理。

旋风分离除尘:其工作原理是使烟气气流作旋转运动,利用离心力的作用将粉尘从气流中分离出来的一种除尘装置。旋转离心力要比单独依靠重力获得的分离力大得多,因而除尘效果较好,其除尘效率一般可达 85％以上。由于该类型设备结构简单,投资小,运行操作方便,因而被广泛用作独立除尘装置,有时也被用于其他除尘装置的前处理过程。

布袋除尘:布袋除尘器是使含尘烟气通过袋状过滤元件而将固体颗粒物分离捕集的一种装置,被捕集了颗粒污染物之后的烟气排入空中。这种方法具有很高的除尘效率,可以达到 99％,且设备结构简单,造价低;其不足之处在于体积庞大、烟气通流阻力较大、使用寿命也较短。

静电除尘:其工作原理是使浮游在烟气流中的烟尘颗粒带

电,使其在高压电场产生的静电力(库仑力)的作用下作定向运动,实现固体粒子(或液体粒子)与气流分离的方法。静电除尘器具有非常高的除尘效率,最高可达 99.99%,0.1 微米以上的尘粒均可被其捕集;它的阻力损失小,能耗低,使用范围广,运行维护也方便,可完全实现自动化。其缺点是设备体积大,对制造、安装的要求高,对粉尘的特性较为敏感。目前,我国各大电厂已普遍采用静电除尘器。

　　对于我国这样一个产煤和用煤大国来说,提高煤炭利用效率,积极推广太阳能、风能、生物质能等可再生能源的发展,是防治污染的有效途径之一。此外,发展洁净煤技术,在煤炭开发、转化、燃烧及污染控制等方面积极努力,缓解由能源消费带来的巨大环境压力,为我国的可持续性发展铺平道路。

烟气脱硫

煤炭中一般均含有一定量的硫元素,通常煤炭中硫分的80％部分是可燃的。在煤炭燃烧过程中,大部分硫分均是以二氧化硫形式进入大气,转变为酸雨之后降落到地面,造成了巨大的环境污染。

随着国家环保要求的日益严格、燃料含硫量的不断变化以及吸收剂品质的波动,单单依靠炉内脱硫的手段,很难达到二氧化硫的排放要求。当燃煤的含硫量较高时,炉内脱硫技术的现有出力无法满足实际脱硫的要求,使得二氧化硫的排放无法达标;除此以外,由于炉内石灰石粉的大量喷入,烟气中烟尘的浓度大幅度提高,导致除尘器的除尘效率降低,除尘效果难以满足烟尘排放的要求。

由于目前炉内脱硫技术在实际操作过程中常常无法达到环保要求,因而还必须对排放的烟气进行脱硫处理,实现达标排放。

烟气脱硫是指从废弃烟气中去除硫氧化物的过程。一般分为干法和湿法两种,这里介绍常见的几种烟气脱硫方法。

石灰石—石膏湿法:该方法是以价格低廉的石灰石(或石灰浆)作为脱硫吸收剂,当烟气与石灰浆接触混合时,烟气中的二氧化硫与吸收剂中的碳酸钙溶液反应,在湿状态下被脱除,脱硫之后的烟气经除雾器去除液滴后即可排入大气中。该方法具有脱硫反应速度快、设备简单、脱硫效率高(可达95％以上)等优点。但与此同时,这种方法也普遍存在着腐蚀严重、运行维护费用高及容易造成二次污染等问题。

喷雾干燥法:吸收剂是由石灰加水制成的消石灰乳,在吸收塔内烟气与雾状形式喷洒的吸收剂混合接触,烟气中的二氧化硫气体与消石灰乳发生化学反应生成亚硫酸钙,从而达到脱硫的目的。喷雾干燥脱硫技术成熟,系统可靠性较高,脱硫效率一般可以达到85％以上。

半干法烟气脱硫技术：是指脱硫剂在干燥状态下脱硫、在湿状态下再生（如水洗活性炭再生流程），或者在湿状态下脱硫、在干燥状态下处理脱硫产物（如喷雾干燥法）的烟气脱硫技术。特别是在湿状态下脱硫、在干燥状态下处理脱硫产物的半干法，以其既有湿法脱硫反应速度快、脱硫效率高的优点，又有干法无污水废酸排出、脱硫后产物易于处理的优势而受到人们的广泛关注。

活性炭吸附法：含二氧化硫的烟气通过内置活性炭吸附剂的吸收塔，二氧化硫与活性炭接触而被吸附，以达到脱硫的目的。该吸附法的脱硫效率可达98％以上。吸附硫分之后的活性炭可以通过水蒸气再生的办法回收后再反复利用。

二氧化硫是空气中污染性最为严重的气体，是产生酸雨的罪魁祸首，酸雨会严重破坏森林、土壤以及水生生态系统，还会腐蚀和破坏建筑物等。此外，二氧化硫在空气中经过一系列物理化学反应后变成硫酸雾或者形成硫酸盐之后，会与空气中的细小颗粒物结合在一起。一旦被人体吸入后，将会引起人体支气管炎、肺炎等呼吸系统疾病。因此，烟气排放之前必须经过脱硫处理，实现达标排放。

烟气脱硝

随着现代工业生产的发展和人们生活水平的提高，人们对于健康和环境的要求也越来越高；除二氧化硫以外，大气的另一个重要污染源——氮氧化物的排放，也日益受到人们的关注和重视。

煤炭燃烧排放的氮氧化物主要有一氧化氮（NO）和二氧化氮（NO_2）。一氧化氮浓度较大时毒性非常大，可与人体血液中的血红蛋白结合引起人体组织缺氧，甚至破坏人的中枢神经系统；二氧化氮主要破坏人体的呼吸系统，可以引起支气管炎、肺气肿等疾病或直接侵入呼吸道诱发哮喘。氮氧化物的排放除了会对人们的健康造成伤害以外，由氮氧化物引起的高含量硝酸雨、光化学烟雾以及臭氧减少等环境问题也日益突出。

目前，低 NO_x 燃烧技术还无法实现彻底脱硝，一般只能将 NO_x 排放值降低 50％左右，因此烟气脱硝这一环节仍然十分必要。针对氮氧化物的排放，日本早就制定了世界上最为严格的 NO_x 排放标准。日本和美国早已着手采取措施降低氮氧化物的排放，如在以煤和油为燃料的锅炉上增加除硝设备，以减少氮氧化物的排放。

烟气的脱硝过程实际上是一个从煤炭燃烧或工业生产过程排放的废气中去除氮氧化物的过程。在众多烟气脱硝技术中，选择性催化还原脱硝法（SCR）和选择性氨催化还原脱硝法（SNCR）是应用最为广泛的两种技术。

选择性催化还原脱硝法（SCR）：用氨催化还原促使烟气中 NO_x 大幅度净化的一种方法。在催化剂（如钛、铁氧化物，活性焦炭，氨或含有镍、钒等金属元素的催化剂等）作用下，向温度 280～420 ℃的烟气中喷入氨，NO_x 与加入的 NH_3 发生还原反应，将 NO_x 还原成 N_2 和 H_2O，脱硝效率可达 85％以上。

选择性氨催化还原脱硝法（SNCR）：又称热力脱除 NO_x 法，该法与 SCR 法类似，不同之处是在烟气高温区加入氨，且不使用催化剂,将 NO_x 还原;这种方法脱硝效率不太高,其平均脱除效率仅为 $30\%\sim65\%$,但设备和运行费用较低。

以上两种为干法脱硝技术,一般存在氨泄漏和硫酸氢铵沉积腐蚀等问题。湿法脱硝技术是先将烟气中含量较多的 NO 通过氧化剂(如 O_3、ClO_2^- 等)氧化成二氧化氮,再用水或碱性溶液将其吸收;这种方法脱硝效率可达到 90% 以上,缺点是系统复杂,用水量大且可能会带来水的二次污染等问题。

活性炭法:采用活性炭法可以同时脱硫脱硝,吸附反应在 $90\sim110\ ℃$ 条件下进行,吸附后的活性炭可以在解析器中解析再生,从而达到回收重复利用的目的,这种脱硝效果一般也可达到 85% 左右。

氮氧化物是烟气中污染性仅次于二氧化硫的有害气体,对环境和人类健康都有巨大的负面影响,对烟气实施脱硫、脱硝处理是保证环境良好发展和人类健康生活的必要措施。

煤气化过程及煤制天然气

煤气化

我国是产煤和用煤大国,仅 2011 年煤炭产量就超过 35 亿吨,大部分煤炭被直接燃烧用于供热或发电。随着天然气和石油资源的相对紧缺,发展我国煤气化工业显得愈发重要,对加快煤炭的清洁利用进程将起到积极的推进作用。

煤气化是一种热化学过程,是以煤为原料,以氧气、水蒸气或氢气等作为气化剂,在高温条件下经过化学反应将煤或煤焦中的可燃成分转化为气体燃料的一个过程。其反应方程式为:

$$C + H_2O \underset{催化剂}{\overset{高温}{\rightleftharpoons}} CO + H_2$$

按照煤料在炉内的运动形态,煤气化的主要工艺一般可分为移动床、流化床和气流床 3 种形式。

移动床气化工艺是指在气化过程中,煤料从气化炉顶部加入,气体从气化炉底部逆流而上与煤料接触发生反应。这种方法适用于多种煤种,气化效率较高,热交换条件较好,运行过程中煤料能够充分反应。已商业化的移动床气化工艺的典型代表有美国 UGI 煤气化工艺以及德国鲁奇煤气化工艺。

流化床气化工艺是指小颗粒煤(粒径为 0～10 毫米)在气化炉内悬浮分散在垂直上升的气流中,在沸腾状态下进行反应。煤层内温度均匀,易于控制,气化效率较高。该工艺的典型代表有温克勤气化工艺和 U - GAS 气化工艺。

气流床气化工艺是指合格的水煤浆原料从气化炉底部进入,在高速氧气的带动下发生雾化,混合物在炉内受高温热辐射作用,进行一系列的物理、化学变化。采用煤浆进料,安全可靠,碳转化率高,气化系统总热效率高达94％～96％。但该工艺对材料要求较高,因而适宜于低灰熔点煤的气化。K-T煤气化工艺是该方法的一个典型代表。

在选择煤气化工艺技术时,应综合考虑煤种、工艺特点、运转成本和环境保护等各方面的问题。煤种方面,要考虑水分含量、灰熔点、灰组成、发热量和成浆性等性能指标;在工艺上,应选择商业化程度高、成熟稳定的煤气化技术;由于在煤气化过程中会产生废渣、废气和废水,因此从环保角度考虑,最好选择高温高压下加纯氧气化的工艺技术,其碳转化率较高,产生的废料较少。

当前阶段,煤气化技术在我国化工、冶金、建材、机械、发电行业都有着极为光明的应用前景,但也存在一些需要解决的问题,如工艺落后、控制水平低、环境污染、气化效率低等,因而仍需不断地改善和提高。

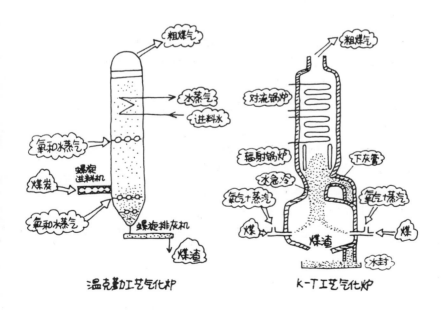

煤制天然气

　　我国东部沿海地区人口集中、经济发达,但天然气资源匮乏,主要依靠国外进口,通过船运运输。而在我国的中西部地区(如贵州、山西、内蒙古、新疆等地)煤炭资源丰富、储量巨大,地域差异导致煤炭运输成本昂贵。煤制天然气技术能够把富煤地区的煤炭资源就地转化成天然气,再经过天然气管网输送至各地用户,可大大降低运输成本,是一种煤洁净利用和资源合理利用的有效途径。

　　煤制天然气技术是指煤炭经过气化产生合成气,再经过甲烷化处理,生产代用天然气(SNG)。甲烷(CH_4,天然气的主要成分)可通过褐煤等低品质煤种制取,其能源转化效率较高,技术已基本成熟,耗水量较少且水中几乎不含污染物质,对环境的影响也较小,是生产石油替代产品的有效途径。随着天然气价格的不断上涨,煤制天然气的经济效益也将大幅提高。

　　煤制天然气的核心技术除煤气化技术以外,还有甲烷化技术。甲烷化技术是指对煤气化后的煤气进行甲烷化处理,生产替代性天然气。

　　丹麦的托普索工艺作为一种目前在国际上被广泛应用的煤制天然气工艺,能够从廉价的含碳原料中生产替代性天然气。其主要工艺流程如下所述。

　　第一步,煤在氧气和水蒸气存在的条件下气化生成富含氢气和一氧化碳的气体;

　　第二步,利用催化剂通过酸转化调节氢气和一氧化碳的比例,将有机硫转换为无机硫(硫化氢 H_2S);

　　第三步,在洗涤工艺中脱除酸性气体;富含硫化氢的气体经过进一步处理,可以将含硫尾气转化成浓缩硫酸,95%～99.7%的硫分可回收转化成硫酸且无废水产出,其反应方程式为:

$$2O_2 + H_2S \underset{H_2O}{\overset{催化剂}{\rightleftharpoons}} H_2SO_4(浓)$$

然后,碳氧化物与氢气在甲烷化装置中反应生成甲烷,然后通过干燥和适当压缩从而得到替代性天然气。其反应方程式为:

$$CO + 3H_2 \xrightleftharpoons{催化剂} CH_4 + H_2O$$

近年来,随着煤气化行业的蓬勃发展和天然气需求量的大幅增长(尤其是环渤海、长三角、珠三角三大经济带),我国煤制天然气行业取得了长足的发展,成为煤化工领域的投资热点。2009 年,神华集团鄂尔多斯年产 20 亿立方米煤制天然气项目奠基,大唐集团阜新年产 40 亿立方米煤制天然气项目通过了环保部的环评,汶矿业集团伊犁能源年产 100 亿立方米煤制天然气一期工程开工建设……一批投资数额巨大的煤制天然气项目陆续上马,我国煤制天然气领域呈现出良好的发展势头。

多渠道、多方式地扩大天然气资源供给,完善气源结构,这些将成为优化我国能源结构的重要战略。煤制天然气作为常规天然气的替代和补充,实现了清洁能源生产,对于缓解国内天然气需求紧张和保障我国能源安全具有十分重要的意义。

煤液化过程及煤制油

✒ 煤液化

在相当长的一段时间内,我国原油产量仅维持在年产 1.6 亿～1.7 亿吨的较低水平,对进口原油的依赖比超过 50%。为缓解我国原油紧缺局势、实现能源的协调与可持续发展,煤液化技术将是未来满足我国对能源需求的重要途径之一。

煤液化是指将固体煤炭通过化学加工,转化为液体燃料或化工原料的先进洁净煤技术;这项技术可分为直接液化和间接液化两种方式。

直接液化是指在高温(400 ℃以上)和高压(10 兆帕以上)条件下,在催化剂和溶剂的作用下对煤炭分子进行裂解加氢,从而使其直接转化成液体燃料,通过进一步的加工可精炼成汽油、柴油等高品质燃料油。国外成熟的煤直接液化技术主要有日本的 NEDOL 工艺、德国的 IGOR 工艺和美国的 H - COAL 工艺等。

由于煤直接液化过程是在高温、高压的条件下进行的,因而部分反应生成的轻质油产品会再次分解,从而增加氢耗量。经过进一步优化催化剂的组成、减小反应压力、降低反应温度、优化加工技术等一系列反应条件的改善,可以在高效得到液体燃料的同时得到某些高附加值的芳烃类化工原料,从而增加煤直接液化技术的经济效益。目前,我国已经完成了煤直接液化技术核心工艺的开发,正在进行示范厂的建设。

间接液化就是先把煤气化,生成水煤气(主要成分为 CO、H_2),再合成乙醇(C_2H_6O)、乙烷(C_2H_6)等液体燃料,接着可以进一步合成燃油。煤间接液化技术的代表主要有：南非 Sasol 公司的 F－T 合成工艺、荷兰 Shell 公司的 SMDS 工艺和美国 Mobil 公司的 MTG 合成工艺等。水煤气催化生成乙醇 (C_2H_6O) 的反应方程式为：

$$4H_2 + 2CO \xrightleftharpoons{\text{催化剂}} C_2H_6O + H_2O$$

煤间接液化反应是一种气体催化反应，反应生成液体燃料。需要对合成催化剂和反应条件进一步优化，需要对间接液化的性能和应用做深入的研究，同时也需要对间接液化的关键技术如反应器、蜡分离、水相化合物等进行新技术开发，从而提高煤间接液化产品的竞争能力和经济效益。

作为缓解原油紧缺危机的有效途径之一，煤液化技术的大力发展，将极大地推动我国煤化工及相关行业的发展。

在未来，我国将会形成东北、西北、西南、华北等若干个煤液化产业群，煤液化将成为我国重要的能源产业，液化燃料油将在缓减我国原油供需矛盾、保障能源安全方面起到十分重要的作用。

煤制油

"富煤、少油、少气"是我国能源资源最明显的特征。我国原油产量一直维持在较低水平,对进口原油的依赖程度非常高。而我国煤炭资源非常丰富,煤炭因其储量大、价格相对稳定的特点,成为中国动力生产的首选燃料;预计在未来的二三十年内,煤炭资源在中国一次能源构成中仍将占主导地位。

在国际石油价格居高不下、国内石油需求量持续增长、西方发达国家对我国进行石油遏制的复杂背景下,煤制油成了满足我国能源需求和应对能源危机的一个重要途径。

煤制油的方法包括煤的直接液化与间接液化两种方式。

煤直接液化制油的工艺过程主要包括煤液化、煤制氢、溶剂加氢、加氢改质等。首先将筛选过的煤炭碾磨成细煤粉,然后在高温高压条件下,通过催化加氢反应使煤液化直接转化成液体燃料,在精制后即可制得优质的汽油、柴油和航空燃料。

煤直接液化制油对煤种的适应性差,反应条件苛刻,生产出来的燃油中芳烃、硫和氮等杂质含量高,十六烷值低,在发动机上直接燃用较为困难。因此,煤制油主要是通过煤的间接液化来实现的。

煤的间接液化制油技术是先将煤气化为合成气,经净化处理后(合成气经脱硫、氮和氧净化),得到一氧化碳和氢气的原料气;原料气进入合成反应器,在一定温度、压力及催化剂作用下,H_2 和 CO 转化为直链烃类、水及少量的含氧有机化合物;其中液相油通过常规石油炼制手段,经进一步加工得到合格的柴油。

虽然煤间接液化制油反应的流程复杂、投资较高,但该工艺不依赖于煤种,适用于天然气及其他含碳资源,操作条件温和。由此生产出的油品具有十六烷值高、氢碳比高、低硫和低芳烃以及能和普通柴油以任意比例互溶等特性。此外,煤间接液化制油还具有运动黏度低、密度小、体积热值低等特点。

煤制油工艺在我国发展较为缓慢,原因是多方面的。首先,煤制油工艺需要消耗大量的煤炭,煤的间接液化制油每生产1吨油品需要消耗 5～7 吨煤炭;其次,煤制油工艺需要消耗大量的水,煤间接液化制油每生产 1 吨油品需要消耗 12～14 吨水,我国煤产区大多处于干旱和半干旱的中、西部地区,可用水资源量短缺是限制煤制油工艺的一个重要原因;此外,原煤的价格对煤制油项目的经济效益影响较大,通常原煤的费用占到了总成本的 80％左右,一旦煤炭价格略微上涨,煤制油项目的内部收益则会显著减少。

目前,我国石油开采远远不能满足对石油高速增长的需求,由此造成了我国对进口原油和石油产品的过度依赖。因此,开发和应用煤制油技术能有助于我国摆脱对原油进口的过度依赖,增强国家能源安全。

在资源和环境复杂的国际背景下,洁净煤技术的开发利用正处于迅猛发展之势。我国需加大煤炭气化技术、煤间接液化和煤直接液化技术的开发和推行力度,积极引进并消化吸收国外先进技术,将我国洁净煤技术的应用水平提高到一个新的高度,为我国能源工业的可持续发展作出新的贡献。

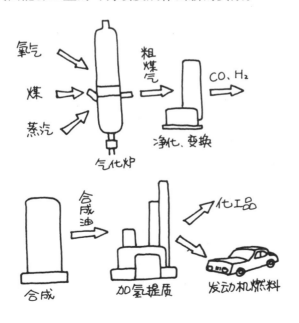

煤气化联合循环发电

煤气化联合循环发电系统

目前,国内采用的联合循环发电方式主要是燃气—蒸汽联合循环,该发电方式是将燃气轮机循环与蒸汽轮机循环联合成一个整体循环。燃气轮机的排烟温度一般在 500 ℃以上,余热利用潜力很大,烟气直接排空将造成巨大的能源浪费和严重的环境污染。此外,单纯燃气轮机循环发电系统供电效率不高,一般仅为 40％左右。采用联合循环,利用燃气轮机排气到余热锅炉中加热蒸汽,驱动蒸汽轮机做功,可以充分提高机组的整体热效率,大大提高能源利用效率。

整体煤气化联合循环(Integrated Gasification Combined Cycle,简称 IGCC)是一种目前在国际上应用较为广泛的煤气化联合循环。它把高效的燃气—蒸汽联合循环发电系统与洁净的煤气化技术结合起来,既有发电效率高的特点,又有环保性能好的优点,是一种极具发展前景的洁净煤发电技术。在目前技术水平下,IGCC 发电的净效率可达 43％～45％,今后可望达到更高;其污染物的排放量仅为常规燃煤电站的 10％左右。

整体煤气化联合循环系统的工作过程如下所述。

首先,要让煤在气化炉中气化成为中、低热值的煤气,通过处理除净其中的灰分、硫化物、氮化物等有害物质,代替天然气供到常规燃气—蒸汽联合循环中去。煤在高压(2～3 兆帕)的气化装置中气化为粗煤气,气化用的压缩空气引自压气机。

其二,这是一个燃气轮机的循环过程,粗煤气经净化后在燃气轮机中完成循环做功;干净的煤气(燃气)与经过压气机压缩后的空气(由燃气轮机透平带动压气机旋转压缩)在燃烧室内高温燃烧,产生高温高压气体,推动燃气轮机透平旋转做功,将热能转变为机械能;透平带动发电机发电,将机械能转换为电能。

其三,这是一个蒸汽轮机的循环过程,在燃气轮机中做功之后的余热烟气将经水泵升压的液态水加热成蒸汽,蒸汽推动蒸汽轮机透平旋转做功,将热能转变为机械能,通过透平带动发电机发电,进一步将机械能转换为电能;做功后的蒸汽经冷凝器放热变为液态水,重新注入水泵升压完成一次循环。

整体煤气化联合循环系统最终得到的发电量为燃气轮机循环与蒸汽轮机循环发电量之和,通过电网分配给用户。目前,整体煤气化联合循环在我国还处于中间工业试验阶段,热效率还有待进一步提高。

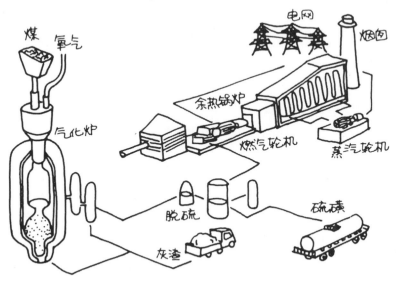

IGCC 联合系统工作过程图

联合循环的发展现状

整体煤气化联合循环（Integrated Gasification Combined Cycle，IGCC）是 20 世纪 70 年代西方国家在石油危机时期开始研究和发展的一种新技术。90 年代世界上研制出了一批高性能的燃气轮机，使得 IGCC 机组的效率提高到 45％ 以上，从而使得 IGCC 能够与传统的燃煤发电机组相竞争。90 年代开始，荷兰、美国、西班牙等国相继建成十多座 IGCC 电厂。

IGCC 联合发电技术热效率和发电效率高，气化炉的碳转化率可达 96％～99％，污染物的排放量仅为常规燃煤电站的 10％，其脱硫效率可达 99％，环保性能好；此外，IGCC 联合发电还具有负荷适用性好、调峰能力强、燃料适用性广等优点。

但是，由于联合循环发电系统主蒸汽参数常常受燃气排烟温度限制，在燃气轮机排气温度较低的情况下，存在余热锅炉效率低、蒸汽参数受限、蒸汽流量不能单独调节等缺陷。

为弥补联合循环的缺陷，人们又发展了带补燃的余热锅炉型联合循环。补燃余热锅炉型联合循环是在余热锅炉中加入一定的燃料，利用燃气中剩余的氧气燃烧，从而达到提高余热锅炉效率以及蒸汽的参数和流量的目的。但是，补燃余热锅炉型联合循环并不是纯粹能量梯级利用意义上的联合循环，其中或多或少地有一部分热量只参与了蒸汽轮机循环。所以，它只是在因蒸汽参数受限而无法采用高参数大功率汽轮机的条件下才可能优越于纯粹能量梯级利用意义上的联合循环。

对于整体煤气化联合循环，除存在上述提到的联合循环共有的优缺点外，还有其独特的特点。整体煤气化联合循环的整个系统通常由煤的制备、煤的气化、煤气的冷却（热量回收）、煤气的净化、燃气轮机发电和蒸汽轮机发电等部分组成。其中，燃气轮机、蒸汽轮机和余热锅炉以及相应的辅助系统已经商业化，因此整体煤气化联合循环系统最终商业化的关键在于煤的气化与净化。

　　整体煤气化联合循环技术要能够走向更广阔的市场,还有许多工作需要我们去付出不懈的努力,包括:①开发容量大、气化效率高、运行平稳可靠的气化炉;②深入优化高温高压煤气的除尘技术,增强除尘效果;③发展热煤气的脱硫和硫分回收技术;④进一步优化设备系统,降低系统投资、运行和管理费用。

　　目前,能源短缺、电力供应紧张、环境污染严重等问题给各国的发展均造成了一定的阻碍。为推动 IGCC 发电技术的进步,世界各国越来越重视 IGCC 示范电站的建设;据统计,世界各国正在建造和计划建造的 IGCC 电站将近 30 座。我国发展 IGCC 技术的条件正日趋成熟,IGCC 发电技术已被列入我国电力行业重点跟踪研究的项目,在实现煤炭高效清洁利用的大路上我们依旧任重而道远。

超临界火力发电

🐦 火电厂参数的发展

　　火力发电主要指利用化石燃料燃烧时所产生的热能来加热水，使其变成高温、高压水蒸气，然后再由水蒸气推动发电机来做功的发电方式。以煤炭、石油或天然气作为燃料的热力发电厂统称为火力发电厂，简称火电厂。这类电厂的主要设备一般包括锅炉（或燃气轮机）、汽轮机以及发动机等。近些年，随着火电厂工作参数的提高，单台机组发电输出容量也在逐渐提高。

　　在所有发电方式中，火力发电的历史最为悠久，也是最重要的一种发电方式。1875 年，最早的火力发电厂在巴黎北火车站附近建成。随着汽轮机、发电机制造技术的不断提高，以及输电、变电技术的不断改进，特别是大型电力系统的出现及社会电气化引发的电能需求量增长，从 20 世纪 30 年代开始，火力发电进入大发展时期。到 50 年代中期，火力发电机组的容量由 200 兆瓦级提高到 300～600 兆瓦级，到 1973 年，最大的火电机组容量已高达 1300 兆瓦。大机组、大电厂的出现，极大地促进了火力发电热效率的提高，每千瓦的建设投资和发电成本也不断降低。80 年代后期，世界上最大火电厂是日本的鹿儿岛火电厂，其容量为 4400 兆瓦。然而机组过大又会带来可靠性、可用率降低等一系列问题。

　　人们努力提高火电厂参数，就是为了提高机组的发电效率，关于这一点可以从卡诺定理找到答案。通过热力学相关定理我们可以得出,在相同的高、低温热源温度 T_1 与 T_2 之间工作的一切循环中,以卡诺循环(Carnot cycle)的热效率为最高,即最高热机效率为 $\eta = 1 - T_2/T_1$。由此可以看出,要想提高机组效率,只有不断提高机组参数。

火力发电的关键问题是提高热效率(即单位时间内锅炉有效利用热量占锅炉输入热量的百分比)。20 世纪 90 年代,世界上最好的火电厂能把 40% 左右的热能转换为电能;大型供热电厂的热能利用率也只能达到 60%~70%。因此,如何提高热效率是专家们关心的重要课题。提高热效率的一个重要方法是提高锅炉的参数。锅炉参数包括锅炉容量以及蒸汽的温度和压强。锅炉容量的提升受到可靠性以及可用率的限制,目前的火力发电单机容量稳定在 300~1000 兆瓦。在保证锅炉运行的灵活性以及保证机组寿命的同时,进一步提高蒸汽温度和压强,有利于获得更高的效率和环保性能。

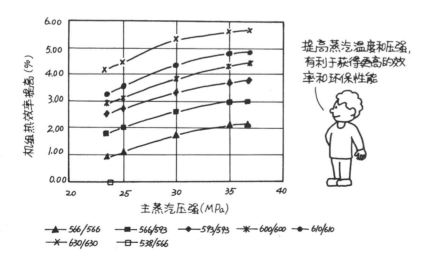

提高蒸汽温度和压强,有利于获得更高的效率和环保性能

❧ 提高火电厂参数的限制因素

超临界火电机组是常规蒸汽动力火电机组的自然发展和延伸，而如何提高蒸汽的初参数则一直是提高这类火电厂效率的主要措施。当蒸汽初压强高于 22.1 兆帕时，称为超临界机组。如果蒸汽初压强超过 27 兆帕，则称为超超临界火电机组。目前在一些发达国家，超临界和超超临界机组已经是火电结构中的主导机组或者占据举足轻重的比例。也就是说，火电结构已经超临界化了。以超临界化为特点对火电结构进行更新换代，早在 20 世纪中期就已经开始了。超临界化可以说是火电发展的一种模式、一条道路，这是被多国实践所证明的成功模式。

工程师提高火电厂输出容量的主要手段是优化电厂热力设备结构和提高电厂运行参数。其中，热力系统布置已经日趋完善，主要手段是借助再热器、回热器、省煤器等设备。当前的主要工作方向是提高蒸汽运行参数，蒸汽参数越高，单位质量蒸汽的做功能力越强。当然蒸汽参数的提高会受到金属材料的限制，需要有一个过程。我们可以举一个例子来说明蒸汽参数和金属材料性能之间的依赖关系。如果蒸汽参数是 600 ℃、28 兆帕（1 兆帕相当于 10 个大气压），那么金属管外部表面温度在650 ℃以上，在如此大的工作压强下，没有高级的合金材料，金属管就很容易被烧坏。

一般情况下，常规亚临界机组的典型参数为 16.7 兆帕/538 ℃/538 ℃，其发电效率约为 38%。常规超临界机组的主蒸汽压强一般为 24 兆帕左右，主蒸汽和再热蒸汽温度为 538～560 ℃；常规超临界机组的典型参数为 24.1 兆帕/538 ℃/538 ℃，对应的发电效率约为 41%。超超临界机组的主蒸汽压强为 25～31 兆帕及以上，主蒸汽和再热蒸汽温度为 580～600 ℃及以上。常规超临界机组的热效率比亚临界机组的高 2%～3%，而超超临界机组的热效率比常规超临界机组的高 4%以上。

在超超临界机组参数范围的条件下，主蒸汽压强每提高 1 兆帕,机组的热耗率就可下降 0.13%～0.15%;主蒸汽温度每提高 10 ℃,机组的热耗率就可下降 0.25%～0.30%;再热蒸汽温度每提高 10 ℃,机组的热耗率就可下降 0.15%～0.20%。可见,提高蒸汽的温度对提高机组热效率更有效。如果增加再热次数,采用二次再热,则其热耗率可下降至 1.4%～1.6%。

如前所述,为了获得更高的效率和环保性能,需要提高蒸汽参数。而蒸汽参数的提高,从本质上讲需要不断改进金属材料,因此金属材料品质与火电厂的参数水平有着相互依存和相互促进的紧密关系。也就是说,金属材料是蒸汽参数提高的限制因素。通过提高蒸汽参数,供电效率每提高 1%,大约降低煤耗 7 克/(千瓦·时),其条件是要使用更好的金属材料和部件结构。而这一条件,又直接与设备造价、机组可用率和负荷适应能力相关联。20 世纪 80 年代以后,国际上有大量铁素体耐热钢开发成功,在 580～630 ℃ 范围内替代了奥氏体钢,从而使电站的蒸汽参数得以提高,在 28～31 兆帕、566～580 ℃ 或 24～25 兆帕、593～600 ℃ 的参数范围内都具有良好的可靠性。

液体能源
——石油

石 油 成 因

海相生油

　　早在 2000 多年前,人们就发现了石油。1800 多年前的汉代史学家班固著《汉书·地理志》,其中记有"高奴有洧水可燃"。可见,当时便有了对石油的记载。而真正运用现代科技对石油进行大规模的开采,是在近 100 多年才开始的。1863年,加拿大著名石油地质学家 T. S. 亨特阐明了石油的原始物质是低等海洋生物。苏联地球化学之父 B. A. 别纳科依在其名著《地球化学概论》中也明确指出,石油是由海洋生物死亡后生成的。1943 年,美国地质学家 W. E. 普赖特再次强调石油是未变质的近海成因的海相岩层中的组成部分。

　　海相生油是指石油的生成环境为海相沉积层。在远古时代,海洋中生活着大量的微生物和植物,这些生物死亡后逐渐沉积在海洋底部,同时沉积的还有河流带来的淤泥和死亡生物体。在海底巨大的压力下,这些沉积层被压缩成海相沉积岩,经过长时间的地质变化被深埋在海底,经过数百万年的物理化学变化转化成油气。目前,全世界发现的大多数大规模油田都属于海相生油生成的。由于海洋中的各种复杂因素,使得海相生油层生成的油气资源极为丰富,并且分布广泛。

　　如今,被人们所发现的大多数含油盆地的生油层都属于海相沉积地层,这说明这些石油都是通过海相生油产生的。占世界已探明石油储量和产油量 70％以上的中东地区的生油岩也属于海相地层。这不仅和海洋一直占据地球大部分面积有关,还和海洋具有的独特条件密不可分。海洋作为远古生物的发源地,其中生活着的生物总量极为庞大,并且海洋浮游生物含有较高的脂肪和类脂,这都为石油的生成提供了物质保障。除此之外,海洋的水下稳定的环境、海水的盐度和深度都提供了良好的缺氧环境,让沉积层中的有机质得以保存。这些都为海相生油创造了独特的条件,使得海相生油成为石油生成的主要途径。

我国也有着一定量的海相沉积,但是由于我国海相沉积发生时间过于久远。在中生代时期,我国的部分海相沉积就逐渐上升为陆地,有的遭到破坏,有的转化为陆相沉积。加上比较频繁的地壳运动使得我国远古时期形成的海相沉积分布杂乱,并且勘探的难度增大。这在一定程度上导致了目前我国对海相沉积形成的油藏发现较少。尽管如此,我国还是在四川盆地、渤海湾盆地、塔里木盆地以及沿海海域等地区的海相沉积中寻找到了丰富的油藏。相信随着石油勘探技术的不断发展,"潜藏"在我国的海相石油藏会有更多的被发现。

陆相生油

陆相生油是指陆相沉积条件下的石油资源形成过程。湖泊相、河流相等都属于陆相环境。远古陆地上的湖泊相、河流相沉积岩有机质丰富，在一定温度、压力下，有机质即演变为石油。

在世界主要油田形成的中新生代，我国主要发育着陆相沉积。在 20 世纪初之前，西方不少学者都认为石油是在海相沉积中形成的。由此，西方学者断定我国是一个陆相贫油国。为了国家发展的需要，以潘钟祥为代表的一批地质学家到我国西北部进行油气地质调查，并分别于 1937 年和 1939 年在陆相盆地中找到了新疆独山子油田和甘肃玉门老君庙油田，从而拉开了中国陆相生油理论诞生的序幕。

潘钟祥早在 1941 年就提出了"石油不仅来自海相地层，也能够来自淡水沉积物"的论断。通过对我国石油地质勘探的不断实践与陆相生油理论的相互结合，我国陆相生油理论得到了持续的发展。特别是 20 世纪 50 年代以后，我国陆相生油的研究得到了重大突破。1951 年，潘钟祥提出了中国石油大多产生于盆地之中的论断，并在 1957 年又提出"陆相不仅能生油而且是大量的"的结论。1959 年，松辽中新生代陆相沉积盆地中发现的大庆油田就成功地证实了这一点。这不仅是我国石油勘探的一个里程碑，更是我国陆相生油理论的重要论证和补充。继大庆油田之后，通过对陆相生油理论的运用，我国又勘探出胜利、大港、辽河、华北、中原、冀东等油田。这些油田的发现一方面进一步促进了我国石油工业的发展，另一方面也为国民经济的快速增长提供了保障。

直到 20 世纪 60 年代中期，国外一些地质学家仍然对陆相生油理论产生质疑，他们认为在我国发现的大型油田以及我国地质学家提出的"陆相生油论"是不可能的。而在 60 年代末期，在澳大利亚的吉普斯兰盆地和库珀盆地发现了一系列由陆相沉积所形成的大中型油气田，这在一定程度上向世界展示了陆相生油论的证据。随着中国、澳大利亚以及其他部分国家的地质专家对陆相生油的进一步研究和论证，以及一系列由陆相沉积岩形成的油藏的发现，世界上越来越多的石油地质学家逐渐接受了陆相生油理论，也加入了这项研究中，还发表了一些相关论述。

虽然陆相生油层没有海相生油层水下环境那么稳定，但湖泊、河流底部仍然能够形成缺氧和压力环境，随着地质的变化，沉积岩可能进入更深的地层，从而有更稳定环境为保存有机质提供可能。但由于陆相沉积盆地没有海相盆地规模大，在地壳运动中有可能会破坏掉有机质保存的稳定环境或者是直接影响到已经形成的油藏。

现在，各国专家已经普遍接受了这样一个事实，那就是无论是海相还是陆相，只要条件适合都可以产生石油。陆相生油在世界石油勘探中逐渐起到了重要的作用，我国为世界陆相生油理论作出了卓越的贡献。

陆地湖泊生物死后会去哪儿呢？　会沉积在湖底，经过几百万年后成为石油

石油

石油的储量

石油是关乎国民经济命脉的资源,其储量的研究无疑是既具有经济效益又具有战略意义的。

国外专家一般将"储量"定义为"从某一时间以后,预期可以从已知矿藏中商业性采出的石油数量"。在我国,所谓"储量"是指已经探明,并且在当前技术和经济条件下值得开采的那部分油气资源量。目前,我国一般将石油储量分为探明储量、控制储量和预测储量三级。

石油探明储量是指油田经过评价钻探阶段完成或者基本完成后所计算的,在现代技术和经济条件下可以开采并且能够产生社会经济效益的可靠储量。可见,探明储量对油田开发方案的制定以及资本的投资具有重要的参考意义。探明储量按勘探开发程度和油藏复杂程度分为已开发探明储量、未开发探明储量和基本探明储量三类。石油控制储量是指在"某闭圈内,预探井发现工业油流后,以建立探明储量为目的,在评价钻探过程中钻了少数评价井后所计算的储量"。控制储量可以作为油田进一步评估和制订发展规划的依据。石油预测储量是指"在地震详查以及其他方法提供的闭圈内,经过预探井钻探获得油流、油气层或油气显示后,根据区域地质条件分析和类比,对有利地区按容积法估算的储量"。

石油的储量并不是固定不变的,而是会随着经济的不断发展和技术的不断进步而有所变化的。石油勘探和开采技术越发达,能够开采的石油储量就会越大;开采石油所需的经济成本越低,石油所能开采的量也会越大。

我国石油储量总体来说是比较缺乏的。人均储量更是远远低于世界平均水平。根据《BP世界能源统计年鉴》,截至2011年底,世界石油探明储量约为1.6万亿桶(7桶石油约合1吨)。若按照现在全球非常保守的每天0.8亿桶的消耗速度,当前世界石油探明储量可供全球使用54年。中东地区一直是世界石油探明储量最丰富的,大概占世界石油探明储量的 60% 以上。而我国所在的亚太地区则一直以来都被认为是贫油地区,虽然陆相生油理论的研究和发现为亚太地区寻找到了一系列的陆相沉积岩形成的油藏,但对于中东地区海相生油产生的油藏来说还是很少的。截至 2011 年底,我国石油探明储量达 147 亿桶,约占世界石油探明储量的 0.9%。当然,随着科学技术的不断进步,我国能探明的石油储量将会有所增加,但总体上还是反映出我国石油的稀缺。

目前的世界石油探明储量主要指的是陆地和部分浅海区域勘探到的石油藏的储量。而随着海洋石油勘探技术的进一步发展,将会有更多的浅海域和深海域石油藏被发现。这将在一定程度上增加石油探明储量,缓解世界石油危机。据不完全统计,海洋中所蕴藏的石油总量与陆地储量旗鼓相当。特别是在我国南海,储藏着丰富的石油资源。

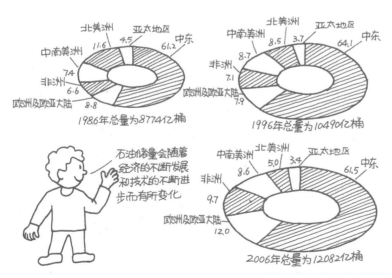

1986年、1996年 与2006年探明储量的分布(以百分比表示)

石油勘探与开采

石油勘探方法

有些时候,人们能够从地表渗油现象发现地下的石油藏。美国宾夕法尼亚州的游溪和落基山地区就有发现石油自然渗出的现象,人们也在此打井并开采出了石油。然而,这样的便宜事在给人们带来收益的同时也在理论研究上给人们带来了错误的观念,有人因此认为石油是在地面河道下面的地下暗河之中流动的。

随着石油工业的迅速发展,人们对石油的需求不断增加,地表渗油的油藏逐渐被人们开采殆尽。于是,石油勘探变得非常困难。因此,人们期待新的、更先进的石油勘探技术。后来,石油勘探工作者行遍大江南北去寻找石油的踪迹。

可能出现石油的地方,必须满足石油形成的条件:具有大量的生油岩和储集岩的沉积盆地。在研究盆地时,地质学家需要对盆地中的沉积层进行年代和环境的分析。只有在200万年以上并且当时生活着众多生物的河道、湖泊或海洋环境才有可能出现石油。这就为石油勘探工作缩小了研究的范围,从而增大了发现石油的可能性。

现代石油勘探的初期,往往是先利用卫星图像来分析地层结构,从而找出地下可能会有石油的区域。然后,地质学家将利用类似于声纳的地震勘探技术,进一步确定石油藏的区域和规模。地震勘探法是探测精度最高的一种方法,主要有反射法和折射法两种,其中反射法的使用更多。这是利用声波在不同密度介质中的传播速度不同和声波的反射来研究地下岩石的特征,从而确定是否存在油藏及油藏的深度和规模。有时候,即使是在地表有明显的渗油现象,也要经过进一步的石油勘探来确定石油藏的规模,因为这将作为石油开采的投资和规划的重要参考。

除此之外,如今采用的勘探方法还有重磁电勘探和钻井法。重磁电勘探是发射电磁波,然后对电磁波的反射波进行滤波,再对得到的地下岩层电信息进行分析,来确定地下是否存在石油藏。而钻井法是风险很高的一种勘探方法。顾名思义,钻井法就是在可能存在石油的区域直接打井来进行石油勘探。运用这种方法,往往是打 17 口探井才能发现一口具有工业开采价值的发现井。但钻井法往往会与其他勘探方法相结合,钻井法也是最终判断地下是否有油以及油藏的规模的手段。

目前,石油勘探技术正在逐渐向着高勘探分辨率以及中深油田的勘探发展。在加强陆地石油勘探的同时逐步发展海洋石油勘探技术。

这样我就可以得到下面的地层结构并分析是否存在油层了

石油

🌿 石油钻井平台

无论是在石油勘探还是在石油开采中,钻井都起着重要的作用。为了支撑钻井设备而建立的平台就称作钻井平台。由于人们最先是在陆地上勘探和开采石油的,因此最初的钻井平台是建立在陆地上的。在早期的钻井作业中,人们采用的是冲击式钻井技术。大约 1000 年前,中国古代的劳动者利用杠杆原理实现了冲击钻井。他们把一条长杆固定在一个支点上,在一端绑上钻杆,在另一端系上绳套。这样一来,人就可以踩着绳套让钻杆抬起,并且利用长杆的弹力和钻杆的重力向下打井。在当时,使用这样的打井技术可以将井打到 300 米深。

目前,新的钻井技术已经可以利用电动机、曲柄臂升降杆,配合使用钢材建立起来的井架,以及利用滑轮等省力装置来达到钻井的目的。在钻井的位置上,人们会筑起一大片平台。这个平台,除了用于建立井架和堆放所需材料外,还配备了一些钻井工作人员的工作和生活设施。利用坚固的钢材,按照力学的稳定结构构建起来的井架,足以支撑钻井所需的重力。井架上安装有起吊设备,如天车、游动滑车等,它们主要被用于钻杆的起吊。除此之外,井架上还装有大钩及专用工具,如吊钳等。钻头与钻杆、钻杆与钻杆之间都是由螺旋接口连接的,可以很方便地拆卸。在一根钻杆到底的时候,可以在接头处加上新的钻杆,这样就可以很方便地增加钻探的深度了。

在陆地石油资源逐渐减少的今天,人们把目光投向了石油储藏量不少于陆地的海洋。于是,海洋钻井平台的建设成为海洋石油勘探开采的重要技术。海洋钻井平台在钻井方法上和陆地上的相差不大,主要区别在于平台的建设。海洋钻井平台上建有钻井、动力、通信、导航、安全救援以及人员居住等设施。海洋钻井平台可以分为移动式平台和固定式平台。前者主要用于解决平台的移动性和深海钻井问题,包括坐底式平台、自升式平台、钻井船、半潜式平台等。后者的稳定性很好,但是成本太高,主要包括导管架式平台、混凝土重力式平台、深水顺应塔式平台等。

目前,移动式平台的发展和运用较活跃。坐底式平台主要
用于浅水区域的石油开采。它主要分为上下两个船体,上船体
是人员工作以及设备安放的地方,而下船体则作为上船体的支
撑和基座。这样的结构使得这种平台需要海底坡度小、潮差大。
自升式平台则对环境的适应能力很强。它由平台、桩腿、升降机
构组成,平台能够顺着桩腿升降。工作时桩腿被插入海底,平台
则升到海平面以上合适的高度进行作业;当不需要工作时则可
以升起桩腿,这时平台可以浮在海面上并由拖船拖运到需要的
地方。顾名思义,钻井船则是把钻井设备安置在机动船上。使
用时可以采用抛锚法或者自动定位手段来固定钻井船的位置进
行钻井作业。半潜式平台则是由坐底式平台发展而来,同样由
支撑立柱支撑,上面一层是工作平台,下面则是两个下船体。

我国蛟龙号在 7000 米级深海测试的成功,标志着我国海洋
石油勘探开采能力的进一步提升。海洋石油勘探开发即将成为
世界石油开采的焦点。

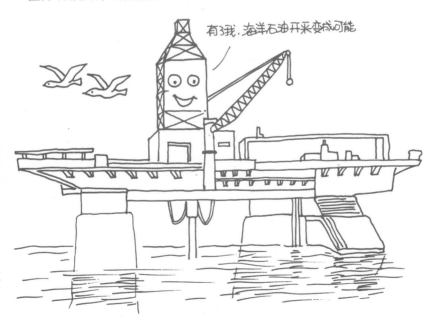

石油开采方式

我们经常会看到这样的视频画面：一些石油工作者打穿一口石油油井后，黑色的石油喷涌而出，他们在那里高兴得手舞足蹈。在镜头里我们看到的这种依靠石油自己喷出来的开采方式称作自喷采油方法。

在很早以前，人们刚发现的石油藏大多是埋藏得比较浅、压力很小的。当时人们的开采方式就像古装片里的古人从水井里打水那样。他们用转盘、绞车把原油用水桶提捞上来，所以又称为提捞开采法。随着石油工业的发展及容易被开采的石油藏的开发殆尽，越来越多埋藏得更深、压力更大的石油藏被发现了。此时，提捞开采的方法已经不再适用了，于是便出现了自喷采油方法。

石油被埋藏在地下封闭的岩石层下，上面有厚重的岩石层的挤压，导致石油层中蕴含着大量的弹性势能。当石油开采者通过打井将石油层和地面连接起来，石油层中的高压就会使石油从钻井中喷出地面。石油被埋藏得越深，上面的岩石就越厚重，石油层中的压力就越大，石油喷出的速度和量就越快也越多。世界上很大一部分的石油井在开采初期都是采用自喷开采方法，并且自喷井的产量一般都比较高。

然而，当一个自喷井开采到一定阶段后，地下的石油量减少，导致油层中的压力减弱到不足以将石油喷出地面的程度。或者是有时开采出的石油井由于地层结构的问题一开始就不会产生自喷现象。这时，就需要通过人工的方法向油藏中补充能量，从而将原油开采出来，这就产生了人工举升采油方法。

人工举升采油分为气举法和抽油法。气举法主要适用于地层中所含有的这些能量压力不够大，无法将石油压出地面而不会产生自喷现象的石油藏开发。此时，人为地向地层注入高压气体，使地层中的压力增大，就形成了类似于自喷井的条件，从而将原油喷出。而抽油法，顾名思义，就是用深井泵将地下的原油抽出来。主要分为有杆泵采油和无杆泵采油，前者是将抽油杆下入井中,带动抽油泵作活塞运动而把地下原油抽到地面上,后者是使用电动机和高压液体驱动深井泵,将井中原油抽出来。

　　油井停止自喷后除了采用气举法外一般还采用的是油田注水法。在油井旁边合适的位置打一口注水井,让水井的深度达到采油层的位置。在原油开采的同时通过高压注水泵将经过处理的符合标准的水注入到与油层出油层相同的位置。一方面,水占据了原先储存原油的位置使原油被挤到油井出口处;另一方面,水的注入也减小了由于原油的抽出而引起的地层中压力损失。这种方法不仅可以保持油田的持续而稳定的产出,同时还可以最大限度地开采出油藏中的石油。

　　尽管现在发明了很多石油开采方式,但是还是有一部分石油因为技术的问题而无法得到开采,这就需要人们的进一步努力,开发出新的技术。

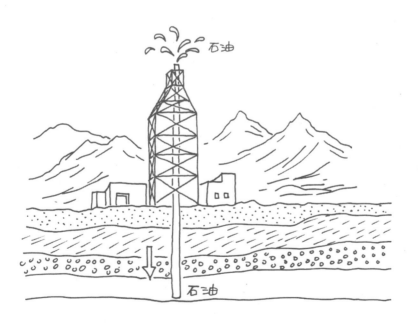

石油

石油

石油炼油过程及其产品

石油炼油

炼油是指通过蒸馏的方法从石油中分离出燃料油、汽油以及某些化工原料的过程。由于未经提炼的石油在工业中利用范围十分有限，但其所含有的几百种烃类物质却是能源与工业界所大量需要的，所以通过提炼过程生产出更多石油产品，使其利用程度变得更为有效、更加充分。

炼油是一个非常复杂的过程，一般包括常减压蒸馏、催化裂化、催化重整、加氢裂化、延迟焦化、炼厂气加工等工艺。原料油首先在蒸馏塔里经过常减压蒸馏分成沸点不同的油品，其中只有一小部分经过分馏的油品经简单处理就可以出厂成为成品，主要部分需要经过其他工艺进一步处理。下表针对部分工艺作一个简单的介绍。

炼油加工工艺及其加工成的产品

工艺名称	原料（经分馏后的油料）	用　　途
催化裂化	原油蒸馏后 350～540 ℃的重质油	提高原油加工深度，生产优质燃料油
催化重整	原油蒸馏后所得轻汽油	将轻汽油转化成含芳香烃较高的重整汽油
加氢裂化	重质原料	把重质原料转化成燃料油和润滑剂
延迟焦化	高沸点渣油	生产固体石油焦炭
炼厂气加工	炼厂气	生产炼油过程所需的氢气和氨

　　经过几十年的发展,石油工业已经日趋成熟,形成了比较完整的产业链。但是近几年来,随着能源问题的日益严重以及科学技术的不断进步,石油工业迎来了新的发展机遇。石油深加工、清洁能源生产技术、加氢技术等都将成为石油炼制工业新的发展方向,为石油工业带来新的增长点。

　　中国炼油工业经过了三个发展阶段。第一阶段的时间跨度足足有 100 年,起点是 1863 年的第一次煤油进口,直到 1963年,我国的油品才做到基本能够自给自足。20 世纪 60 年代初到90 年代末进入了第二阶段,在这个阶段中,中国的炼油工业实现了产能和技术上的巨大飞跃,成为了世界炼油大国之一。到了21 世纪初,中国炼油工业开始进入第三个阶段,此阶段的结束期大约在 2020 年。届时,中国将成为一个炼油强国。

石油产品

汽油、润滑油、石蜡是我们生活中常见的三种产品，它们与人类的生产生活密切相关，但是你知道它们之间究竟有什么样的联系吗？其实，它们都来自同一个"大家庭"，这个大家庭就是"石油产品"。

石油产品是指原油经过加工后提炼出来的一系列产品。当原油被送进炼油厂后，炼油厂根据原油的成分以及市场的需求，通过蒸馏、加氢等工艺提炼出各种不同的产品。除了上面我们提到的三种产品外，还有煤油、沥青、燃油、柴油、焦油等十多种产品。其中，石油产品总产量的 90％为燃料，5％为各种润滑剂，而润滑剂的品种却是各类石油产品中最多的。下面，我们就来具体介绍几种最为常见的石油产品。

汽油：汽油是我们日常生活中最为常见的一种燃料，也是当今消耗量最大的一种石油产品。汽油为无色液体，具有特殊气味，易挥发，易燃烧。汽油主要被用作汽车、摩托车、直升飞机、快艇等的燃料。

柴油：柴油又称"油渣"。它是由不同的碳氢化合物混合而成的，其沸点比汽油和煤油高。柴油的利用效率比较高，但是由于柴油中含有较多的杂质，所以燃烧后会产生较多的烟灰以及硫氧化合物，造成空气污染。柴油广泛应用于大型车辆、坦克、飞机和舰船中。

煤油：煤油俗称"火水"。纯品为无色透明液体。当煤油含有杂质时，呈淡黄色，略具异味。煤油易挥发、易燃烧，不易溶于水，易溶于醇和其他有机溶剂。煤油被用作煤油灯的燃料以及一些清洁剂。

沥青：沥青主要分为煤焦沥青、石油沥青和天然沥青。这里所讲的石油产品中的沥青属于石油沥青，它是原油蒸馏后的残渣。沥青是一种非常有用的工程材料，除了我们熟知的应用于路面铺设和加固外，它还常常在水利工程中做密封材料。

润滑油：润滑油是用于两种运动物体的表面，以减少两者之间的摩擦损耗及提高其工作效率的一种石油产品。最常见的润滑油就是机油。当然除了润滑性能外，润滑油还具有冷却、防腐、绝缘、密封等作用。因此，它在生产生活中，有着很广泛的用途。

石蜡：石蜡通常为白色或无色、无味的蜡状固体，不溶于水，可以燃烧。除了被用来制作蜡烛之外，石蜡还被用作包装材料、化妆品原料以及其他蜡制品。同时，纯石蜡也是很好的绝缘体，其电阻率比大多数材料都要高。

研究法辛烷值是表示发动机在 600 转/分钟的转速下运转时汽油的抗爆性能，美国和西欧国家多采用研究法，优质汽油研究法辛烷值一般为 96～100，普通汽油为 90～95。当汽车使用了标号偏低的车用汽油时，由于燃料的抗爆性不够，导致汽油燃烧不充分，易使发动机产生爆震，功率下降，油耗增大。

洁净的能源
——天然气

天然气的类型

天然气的概念

天然气已经在工业生产和日常生活中得到广泛使用,那究竟什么是天然气呢? 从广义上说,天然气是指自然界天然存在的一切气体,但人们常说的天然气是从能源角度出发,即天然气是一种多组分的混合气态化石燃料,属于一次能源。

天然气的主要成分是烷烃。其中甲烷占绝大多数,另有少量的乙烷、丙烷和丁烷,此外还会含有少量硫化氢、二氧化碳和水蒸气及微量的惰性气体。天然气是无色无味的,在送到最终用户之前,经常需要用硫醇来给天然气添加气味,帮助检测泄漏。虽然天然气对人体无害,不像一氧化碳那样具有毒性。但是当天然气处于高浓度的状态时,会造成空气中的氧气不足以维持生命,甚至致人死亡。

天然气作为一种清洁能源,拥有煤和石油所不能比拟的优势,使用它作为煤和石油的替代能源,能够有效减少氮氧化合物排放量50%左右,同时大幅减少二氧化硫和粉尘排放量,有助于减少酸雨灾害,从根本上改善环境质量,并显著减少二氧化碳排放量约60%,大大减缓温室效应的积累。另外,与煤炭、石油等传统化石燃料相比,天然气的热值是其中最高的,其产生的经济效益也是不容小觑的。由此可见,天然气是一种集众多优点于一身的理想能源。

正是由于上述优点,天然气已经被广泛用于各个领域。作为工业燃料,天然气发电具有明显的优越性,其环保性好,经济效益高。作为民用燃料,管道天然气因其环保、安全、热值高以及使用方便等特点,逐渐在大城市中得到推广,大有取代传统液化石油气之势。近年来,压缩天然气还被用作汽车燃料来代替传统汽油。

众所周知,气态燃料都有其爆炸极限,天然气自然也不例外。通常情况下,天然气比空气轻而更容易发散。但是,当天然气在房屋或帐篷等封闭环境里聚集并达到一定的比例时,也会引起威力巨大的爆炸。一般情况下,天然气在空气中的爆炸极限之下限为5%,上限为15%。但值得一提的是,当把天然气用作汽车燃料时,反而要利用天然气的爆炸特性。

利用天然气管道输送天然气,是陆地上大量输送天然气的主要方式。在世界管道总长中,天然气管道约占一半。中国的西气东输工程以及中国与一些陆上相邻的国家如哈萨克斯坦、俄罗斯等的天然气贸易,都是通过管道运输实现的。

天然气主要存在于油田和天然气田中,也有少量产出于煤层。近年来,非常规天然气的兴起,使得天然气的来源变得更加多元化。岩石内部、大海深处都相继被探明储藏有大量天然气。大自然中丰富的来源使得天然气的发展前景变得更加明朗,美国、加拿大等一些发达国家都已经把开发天然气作为一项重要的能源政策。中国也已经认识到了天然气作为一种未来能源战略的重要性,正在逐渐加大天然气在一次能源中的比例,努力做到开发与节约并重,依靠科技进步,增加资金投入,加强勘探,拓宽找气领域,以西部为重点,同时发展东部和海上,进一步增加天然气产量以满足国民经济发展的需要。

⚘ 液化天然气

液化天然气（Liquified Natural Gas，简称 LNG），是由天然气在常压下经过净化后，采用节流、膨胀和外加冷源制冷的工艺使甲烷冷却至大约－162 ℃凝结成液体而形成的。由于经过净化工序，所以液化天然气比普通天然气更加纯净清洁。液化天然气无色无味，外观与水相似。它的体积约为同量气态天然气体积的 1/600，密度仅为水的 45％左右，储存和运输都十分方便。需要注意的是，液化天然气与液化气不同，人们常说的液化气是指液化石油气。

液化天然气属于新兴能源，自 1941 年在美国克利夫兰建成世界第一套工业规模的液化天然气装置以来不过 70 多年历史。但是液化天然气的发展是迅猛的，尤其近年来液化天然气的消费量正以每年 10％的速度增长。相比之下，管道煤气的年增速仅为 2％。可以说液化天然气是全球增长最迅速的能源品种之一。预计全球液化天然气需求将从 2010 年的 2.18 亿吨增至 2015 年的 3.1 亿吨，到 2020 年可达到 4.1 亿吨。这表明，人们对天然气的需求量正经历着一个爆炸式的增长阶段。液化天然气具有理想的运输和储存形式，因此日益受到人们的青睐。面对繁荣的行业前景，全球范围内都在加大液化天然气的生产力度。在过去的几年中，美国沿海岸建设的液化天然气再气化终端已超过 50 个。

近年来，随着世界天然气产业的迅猛发展，液化天然气已成为国际天然气贸易的重要部分。与十年前相比，世界 LNG 贸易量增长了一倍，出现强劲的增长势头。据统计，2012 年国际市场上 LNG 的贸易量占到天然气总贸易量的 36％，到 2020 年将达到天然气贸易量的 40％，占天然气消费量的 15％。在如此巨大需求的推动下，液化天然气的运输供应链也日趋成熟。海上运输是液化天然气最成熟、最普遍的运输方式，尤其在国际天然气贸易中，这种方式更加常见。首先，天然气在出口国的天然气液化厂进行液化,然后将液化天然气罐装船,再通过专用油轮把液化天然气运送到进口国的接收终端。接收终端一般由专用码头、卸货装置、液化天然气储罐、液化天然气输送管道以及气化装置等组成。进口国收到液化天然气后,进行装罐储存的同时在当地对液化天然气进行再气化,然后通过天然气管道进行输送。在陆地上,公路运输是最常见的。与海上运输相类似的是,公路运输也需要先把天然气液化,然后通过液化天然气槽车运输到接收地,在接收地把液化天然气再气化,供应给用户,这种方式一般适用于短途运输。

　　值得一提的是,在超低温的液化天然气气化过程中,会提供大量的冷能,将这些冷能加以回收,还可以用于多种用途。例如,将空气在低温环境下分离用于制造液态氧、液态氮,或用于橡胶、塑料等废弃物的低温破碎处理,以及水产品冷冻等。

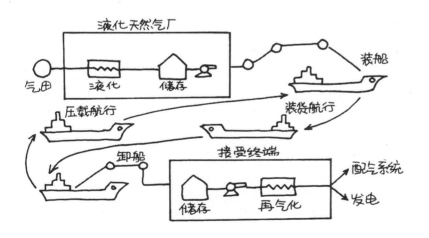

非常规天然气

目前,对于非常规天然气资源尚无明确定义,人们采用约定俗成的叫法,将其统称为非常规天然气,非常规可以理解为尚未被充分认识、还没有可以借鉴的成熟技术和经验进行开发。主要包括页岩气、煤层气、深海天然气、天然气水合物(可燃冰)及人工天然气。此外,油页岩通过化学工艺处理后产生的可燃气,也属于非常规天然气。

近年来,非常规天然气的兴起有其深刻的发展背景。随着世界经济发展进入新的周期,各国对天然气资源的需求直线上升。面对巨大的能源需求,世界范围内的天然气产能建设和天然气生产却相对不足,非常规天然气资源开始受到更多的关注。随着常规石油天然气资源增储增产的难度及成本越来越高,非常规油气资源的战略地位日趋重要。在能源问题凸显、常规油气资源条件越来越差的今天,储量丰富、清洁环保的非常规天然气成了人们解决能源问题及推动可持续发展的一种必然选择。

非常规天然气在全球的储量十分丰富。总体上讲,全球非常规天然气资源量约为常规石油、天然气资源的 1.65 倍。据估算,仅煤层气全球资源量就超过 260 万亿立方米,油页岩折算成页岩油的数量可达 4000 多亿吨。从全球油页岩发现情况和勘

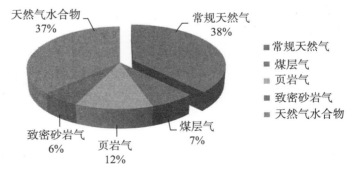

全球非常规天然气与常规天然气的比率

探程度来看，这还是一个非常保守的数据。另外，天然气水合物资源量也非常巨大。据推测，全球天然气水合物中甲烷资源量为 6000 多万亿立方米。

但是非常规天然气的开发仍然是一大难题，目前全球只有美国和部分国际石油公司（埃克森美孚、壳牌、康菲、BP 等）掌握了勘探开发非常规天然气的核心技术，而且处于绝对的垄断地位。美国非常规天然气的产量已占其天然气总产量的 50％ 以上。除美国、加拿大等少数国家外，其他国家的非常规天然气开发都还处于产业初期。目前，我国只有中石油等一些大型国企积累了一些非常规天然气开发经验，尚无法进行集约化、规模化生产。为了加快非常规天然气的开发，国家能源局正在积极研究制定鼓励非常规天然气勘探与开发的相关政策。近年来，国家能源局还设立了一些非常规天然气勘探开发关键技术的研究项目，并且加大了科技攻关的力度，旨在突破核心技术，加快我国非常规天然气勘探开发的步伐。

值得一提的是，"常规"和"非常规"也只是相对而言的。当非常规天然气的主体开发技术趋向成熟，可以集约化、规模化生产时，"非常规"天然气就可以称为"常规"天然气了。

页岩气

页岩气，如上文所述，是非常规天然气的一种，也是目前探明储量最丰富、开发最热门的非常规天然气。页岩气，顾名思义，就是从页岩层中开采出的天然气，主体上以吸附或游离状态存在于泥岩、高碳泥岩、页岩类夹层中。

页岩气分布范围广，蕴藏丰富，并且开采寿命和生产周期都很长，因此是一种十分理想的替代能源。页岩气的发育具有广泛的地质意义，几乎存在于所有盆地中，只是由于埋藏深度、含气饱和度等差别较大而具有不同的开发价值。另外，由于大部分产气页岩分布范围广，厚度大，能够长期以稳定速率产气，因此开采寿命都很长。页岩气田开采寿命一般可达 30～50 年。开采寿命长，就意味着可开发利用的价值大，这也决定了它的发展潜力。

页岩气依靠自己的优势正在冲击传统能源体系。世界上对页岩气资源的研究和勘探开发最早始于美国。目前，美国依靠成熟的开发生产技术以及完善的管网设施，其页岩气成本仅仅略高于常规天然气，这使得美国成为世界上唯一实现页岩气大规模商业化开采的国家。数据显示，2010 年美国页岩气产量已经超过了 1000 亿立方米，占全美天然气总产量的 20%。有关专家指出，依靠页岩气的开发利用，在未来的 10 年里，美国不仅可以一改天然气进口的局面，实现自给自足，还有望成为液化天然气出口国。悄然降临的"页岩气革命"开始对全球天然气供需关系变化和价格走势产生重大的影响，并引起天然气生产和消费大国的密切关注。页岩气的开发利用，成为低碳经济战略发展机遇的推动力，成为世界油气地缘政治格局调整的催化剂。

我国的页岩气资源储量也十分巨大，据国土资源部门资料显示，我国陆域页岩气地质资源潜力约为 134.42 万亿立方米。2011 年，中国常规天然气的年产量只有 1011.15 亿立方米。由此可见，一旦页岩气被完全开发出来，中国或许可以摆脱对煤炭的依赖,向着更清洁高效的能源结构迈进。

　　但是,页岩气的开采仍然是一大难题。一般情况下采收率仅为5％～60％,而常规天然气采收率均在60％以上。目前,只有美国和加拿大实现了页岩气的商业开发,其中美国已实现大规模商业化生产。中国的页岩气资源潜力与美国相仿,但与美国不同的是,我国的页岩气层深度比美国深得多,举个例子,四川盆地的页岩气埋深在2000～3500米,而美国的页岩气深度一般仅在800～2600米。页岩气层深度的增加无疑在我国本不成熟的技术上又增加了难度。从技术上讲,我国页岩气开发还处于早期阶段。页岩气的开采技术,主要包括水平井技术、多层压裂技术、清水压裂技术、重复压裂技术及最新的同步压裂技术,这些技术的开发,将不断提高页岩气井的产量。水力压裂技术,是目前唯一可以开启页岩气矿藏的金钥匙。当高压液体注入钻井并使岩层裂开后,高压液体中的支撑剂可以保持住裂缝,使其成为油气的高速渗透通道。与此同时,水力压裂技术也会消耗大量水资源,污染地下水。因此,在环境标准非常严格的美国,该项技术也曾引起争议。

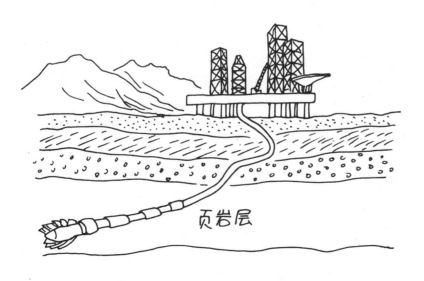

页岩层

天然气水合物

天然气水合物(Natural Gas Hydrate,简称 Gas Hydrate)是另一种具有巨大开发潜力的非常规天然气资源,因其外观像冰一样而且遇火即可燃烧,所以人们又称它为"可燃冰"。形成可燃冰有三个基本条件:温度、压力和原材料。海底是其最理想的产生场所。首先,低温。可燃冰在 $0\sim10$ ℃时生成,超过 20 ℃便会分解。海底温度一般保持在 $2\sim4$ ℃左右。其次,高压。可燃冰在 0 ℃时,只需 30 个大气压即可生成,并且气压越大,水合物就越不容易分解。而以海洋的深度,30 个大气压很容易保证。最后,充足的气源。海底的有机物沉淀,其中丰富的碳经过生物转化,可产生充足的气源。

天然气水合物一般可用 $m\mathrm{CH_4}\cdot n\mathrm{H_2O}$ 来表示,m 代表水合物中的气体分子数,n 为水合指数,即水分子数。组成天然气水合物的成分主要有 $\mathrm{CH_4}$、$\mathrm{C_2H_6}$、$\mathrm{C_3H_8}$、$\mathrm{C_4H_{10}}$ 等同系以及 $\mathrm{H_2O}$。其中,"冰块"里甲烷占 $80\%\sim99.9\%$。

天然气水合物在自然界广泛分布在大陆永久冻土、岛屿的斜坡地带、活动和被动大陆边缘的隆起处、极地大陆架以及海洋和一些内陆湖的深水环境。据科学家估计,海底可燃冰的分布范围约 4000 万平方千米,占海洋总面积的 10%。目前,美国、日本等国都已经在各自海域发现并开采出天然气水合物。据推测,全球天然气水合物的储量是现有天然气、石油储量的 2 倍,具有广阔的开发前景。另据测算,我国南海天然气水合物的资源量约为 700 亿吨油当量,相当于我国目前陆上石油、天然气资源总量的二分之一。在标准状况下,一个单位体积的天然气水合物最多可分解产生 164 个单位体积的甲烷气体,因而是一种极具战略意义的潜在资源。

目前,天然气水合物的开采方法仍处于研发过程中。其开采的基本思路是:通过各种方法改变天然气水合物稳定存在的低温高压条件,促使水合物分解,使其能够源源不断地释放出天

然气,从而达到开采的目的。目前常见的开采方法有热激发开
采法、减压开采法、化学试剂注入开采法、CO_2 置换开采法等。
现阶段只有美国、日本等一些发达国家实现了对天然气水合物
的开采,而且主要还是试验性开采。因此,要真正实现天然气水
合物的大规模商业化开采还有很长的一段路要走。

另外,如果大规模开采天然气水合物,还要认真评估其对海
洋环境的影响。天然气水合物开采会改变其温度、压力等储存
环境,引起天然气水合物的分解。在天然气水合物的开采过程
中,如果不能有效控制温度和压力,可能带来一系列环境问题,
如海洋生态的破坏以及海底滑塌等。因此,虽然天然气水合物
是一笔宝贵的能源财富,但如果不能合理开采,将会对人类生存
环境造成巨大的破坏。

天然气水合物是一把"双刃剑",合理开发可以提供给人类
丰富的能源,而不合理的开发将会造成无法想象的后果。同样
的,对所有的自然资源来说,都需要对其进行合理开发,而不是
只着眼于眼前利益。

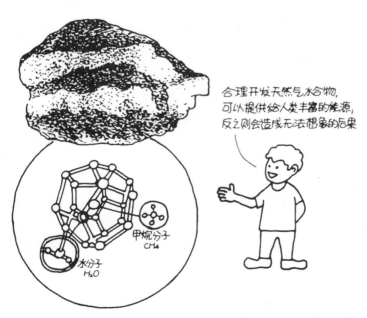

合理开发天然气水合物,
可以提供给人类丰富的能源,
反之则会造成无法想象的后果

天然气资源及开采

天然气气田

走进厨房，打开炉子，我们会看到一朵蓝色的火焰，这便是我们熟知的天然气燃烧过程。可是，你知道天然气是从哪里来的吗？这一节就让我们走进天然气的"故乡"——天然气气田去看个究竟吧。

天然气气田简称"气田"，指富含天然气的地域。通常埋藏在地下 1000 米到 6000 米，温度为 65～150 ℃处的有机物会变成石油。在石油下面埋藏得更深、温度更高的地方，则会产生天然气。一般而言，气藏形成有三个必要条件：一是良好的盖层，二是阻止天然气向四周扩散的封闭条件，三是有多孔隙多裂缝的储集岩层。这样，天然气便会由于运移过程受阻而大量聚集在多孔岩石中，形成了气藏，一个或多个气藏的组合便会形成气田。天然气气田种类很多，也有着各式各样的分类方法。最常见的分类方法是按照综合性因素将气田分为：商业性气田、非商业性气田、边际性气田。其中商业性气田是指石油公司采用惯例技巧进行开发就能获得收益的那一部分气田。而非商业性气田自然是指在现有状况下无法获得经济收益的气田。而所谓的边际性气田是指只有采用改良的技巧才能获得经济收益的气田。另外，按照成因也可以将气田分为：凝析气田、煤型气田和裂解气田等。

根据联合国《油气杂志》最新统计数据显示，2011 年全球天然气剩余探明可采储量为 191 万亿立方米，有天然气气田26000

多个。从截至 2010 年的数据来看,世界上天然气探明储量最丰富的前 3 个国家是俄罗斯、伊朗和卡塔尔,中国排名第 15 名。到目前为止,世界上最大的气田是位于俄罗斯西西伯利亚盆地的乌连戈伊气田,探明的储量超过 8 万亿立方米。

我国沉积岩分布广,陆相盆地多,形成多种储藏天然气的优越地质条件。2011 年我国天然气勘查新增探明地质储量 7659 亿立方米。根据 1993 年全国天然气远景资源量的预测,我国天然气总资源量达 38 万亿立方米,陆上天然气主要分布在中部和西部地区,分别占陆上资源量的 43% 和 39%。我国最大的天然气气田是位于内蒙古鄂尔多斯市境内的苏里格庙地区的苏里格气田,它的累计探明地质储量为 5336 亿立方米。另外,我国天然气探明储量集中在 10 个大型盆地,依次为:渤海湾、四川、松辽、准噶尔、莺歌海—琼东南、柴达木、吐—哈、塔里木、渤海、鄂尔多斯。

海上气田

❧ 天然气资源评价

世界上不存在两片完全相同的叶子,同样,不同地区的天然气资源也有所差异,因此对不同地区的天然气资源进行资源评价就显得格外重要。

对天然气资源评价是指对天然气的可采储量和资源量进行一系列的分析、评定和估计。它与石油资源评定一样,是一项基础但却是很重要的工作。通过对天然气资源评价,才可以对天然气进行合理的开发和利用,使得人们能够用最少的资源去创造最大的经济效益和社会价值。因此,对天然气资源的评价是制定国家能源政策和天然气发展规划的重要依据。天然气资源评价涉及天然气的资源量、可开采量、资源分布、可利用状况及其有效开发利用等诸多方面。由于资源评价过程中所选取的算法与模型不同,因此各个国家或公司的资源评价结果会有所差异。一般而言,对天然气资源评价从以下几个方面来进行。

勘探方面:由于天然气的勘测方式与石油的勘测方式基本相似,勘探石油时所用到的试钻技术也可以应用到天然气勘探,所以对天然气勘探的评价内容与石油勘探的评估内容基本相同。

开采限度:对于油气同时开采而言,天然气的生产几乎完全由石油生产所决定,石油的产量多则天然气的产量也会多。对于单纯的气田来说,开采工作需要有一个储采比的限制,顾名思义,储采比即为储量与开采量的比值。若开采量过大,就会破坏气田本身的平衡,也会导致地层环境的破坏。

生产经济性:天然气是一种能源资源,也是一种商品。那么考察其经济性则需要兼顾其生产成本与市场盈利两个方面。天然气的生产成本包括从勘探到开发的成本投资。勘探与开采设备、所需要的人力资源等均属于生产成本。而天然气的市场盈利与否则取决于天然气的市场价格。

储存与运输成本:由于能源资源的开采地和需求地并不在

一处,故能源的总成本还要加上储存与运输成本。一般以所含热能来计算的话,管道输油是输送天然气的 5 倍,因此天然气相应的输送费用比石油高出几倍。目前我国主要的输气方法几乎全为管道输送,而用压缩或液化天然气的车船输送方式,由于成本较高,因此只有进出口时才会使用。

在对天然气资源评价这方面,国外仍然有许多先进的经验值得国内学习。目前,发达国家石油企业在对天然气资源评价时,具有以下三个特点:(1)实施勘探开发一体化经济评价。即将天然气勘探与开发看成一个大系统,而不是非要先进行勘探,探明储量后再进行开发工作。(2)天然气资源价值评估理论体系完善。该理论体系具体包括三方面,即效用价值论、生态价值论和风险价值论。(3)风险评价力度大。将项目的风险分析和经济评价作为决策下一步工作的重要手段,不盲目开展工作。

1981～1987 年、1991～1994 年、2003～2005 年,我国先后开展过三次全国油气资源评价,这些工作对国家资源的利用和发展起到了极为重要的作用。

天然气开采工艺

天然气开采工艺,顾名思义,就是把天然气从地层中开采出来的全部工艺过程。由于天然气和原油一样埋藏在地下,所以需要一套完整的天然气开采工艺来把地下的天然气开采出来,变为我们生活和生产中所需的资源。

有些天然气和原油处在同一层位,而有些则单独存在。对于那些与原油处在同一层位的天然气来说,在开采原油的时候,可以同时把天然气开采出来。而对于那些单独存在的天然气,也就是气藏,其开采工艺虽然与原油开采工艺类似,但还是有所区别的。

天然气气藏的开采一般采用与石油开采相似的方法,即自喷。因为天然气的密度和黏稠度都较小,而膨胀系数较大,由此可以通过在气田上面钻井,并诱导气流,使气体依靠自身的压力从井内喷发到井口,这也就是天然气开采的基本原理。这种方式的原理和开采石油的原理十分相似,因而天然气开采时所用到的气井结构和井口装置也与石油的自喷井基本相同。当然,由于天然气和石油本身的不同性质,所以天然气的开采方法也有不同之处。下面,我们来谈谈这些不同点。

井口:因为天然气属于易燃易爆气体,且气井压力一般比较高,所以气井井口的承压能力和密封性能都要比油井的要求高。气井井口通常采用耐高温且气密性比较好的高压装置,在井口处还装有节流器,用来控制气井的产量。当需要调节气井产量的时候,可以通过在节流器上更换不同直径的气嘴来实现。除此之外,还要在井口处安装必要的井架及脱硫设施。

气藏水患:气藏水患是指在天然气开采的时候,由水体从高渗透带"入侵"气藏引起的,入侵进来的水并没有驱赶气体,而是封住了在空隙中未排出的气体,形成了死气区,使得气藏的最终采收率大大降低。一旦气井产水后,气流入井底的渗流阻力会增加,气液两相沿油井向上的管流总能量消耗将显著增大。随着水不断地入侵，气藏的开采速度和气井的自喷能力都会有所下降，甚至可能出现停产，这将给天然气开采带来巨大的损失。通常防止气藏水患的方法主要有两种：一种是排水，另一种是堵水。堵水是通过化学封堵、机械卡堵等方法将气层和水层隔开；排水则是以排除井中积水为目的，有多种排水办法，比如小油管排水采气法、泡沫排水采气法等，这些方法适用于各种不同状况的气井。

当然以上这些天然气开采工艺只适用于常规天然气的开采。近些年才被人们熟知的非常规天然气，如蕴藏于页岩层中的页岩气、深埋海底的天然气水合物等，都无法采用常规天然气的开采工艺。这些天然气之所以被称为"非常规"天然气，很大一部分原因就是因为它们的开采工艺"不常规"，还需要科学家进一步去研究适合它们的开采方式。如今，科学家已经研究出了一些成果，如开采页岩气可使用水力压裂技术，开采天然气水合物可使用热激发开采法等。这些技术与常规工艺的不同之处主要在于如何释放出其中的天然气，并不是常规的钻井这么简单。

天然气开采

高密度的能源
——核能

什 么 是 核 能

❦ 核能的概念

核能是指核反应过程中所释放出的能量,该能量来自核反应中所产生的质量亏损,其最佳商业用途是利用核反应堆进行发电。上述核反应主要包括两种方式:即核裂变与核聚变。核裂变是指一个较重的原子核受到中子攻击,分裂成两个或多个较轻的原子核,而核聚变则是指几个轻质量的原子核聚合成一个新的原子核。上述两种反应方式都伴随着能量的释放。

核能的发展可以追溯到19世纪末至20世纪初,原子物理飞速发展时期。19世纪末,法国物理学家贝克勒尔发现了天然铀的放射性,英国物理学家汤姆逊发现了电子。从此,打开了人们对原子内部结构认识的"大门"。而卢瑟福的α粒子散射实验推翻了老师汤姆逊的葡萄干面包模型,提出了原子的行星模型。1935年,英国物理学家查得威克发现了中子,为人类探索原子内部结构提供了"炮弹"。1938年,德国科学家奥托·哈恩用中子轰击铀原子核,发现了核裂变现象。当然,其中最著名的当属1905年爱因斯坦提出的质能转换公式:$E=mc^2$(c 为光速, E 为能量, m 为转换成能量的质量),正是有了这个公式,才使核能利用有了理论基础。

核能是高密度的能源,1克^{235}铀裂变所产生的能量相当于燃烧3吨标准煤,1克氘聚变产生的能量相当于4克^{235}铀裂变所产生的能源。目前,技术较成熟的是核裂变的可控反应——链式反应,人们利用链式反应制造反应堆进行发电。核裂变的反应堆也有很多种,例如压水堆、沸水堆、重水堆、高温气冷堆、快中子堆等。对于核裂变,^{233}铀、^{235}铀和^{239}钚这三种元素都可用作核燃料,其中只有^{235}铀是天然存在的,天然铀矿中^{235}铀的含量仅为0.7%。而^{233}铀、^{239}钚是通过反应堆人工生产出来的,燃料相对稀缺。然而,地球上还存在大量的核聚变燃料——氘,氘即是重水中的"重氢",普通水中含有 1/7000 的重水,故地球上约存在40 万亿吨氘元素。所以说,如果有一天人类能够驾驭核聚变反应,那么能源的来源真可以说是"取之不尽,用之不竭"。

由于核反应产生的放射性会对人类造成很大的危害,所以在核反应堆中要采取许多保护措施。另外,核电站的选址也是十分讲究的,一般都要经过专家们的反复论证后才能决定,这也给核能的发展造成了一定的局限性。

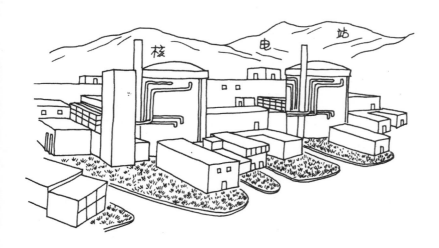

核裂变的概念

核裂变可以分为可控和不可控两种反应类型,只有可控的核裂变反应才能持续、平稳地放出核能,然后被人类有效地利用,为人类造福。原子弹是利用不可控的核裂变反应,在短时间内迅速释放出裂变所产生的能量,达到破坏性的目的。1945年8月6日和9日,美国分别在日本的广岛和长崎投放了两颗原子弹,这标志着核裂变技术已经被运用到军事领域。从中我们可以看到,不可控核裂变无疑将会给人类带来不可逆的毁灭性灾害。

人们发现在核燃料裂变时会放出中子和大量能量。经过许多科学家的努力探索,人们很快就确定了一个铀原子核裂变平均会放出 $2 \sim 3$ 个中子。于是,科学家们提出了链式反应的假说:当用一个中子轰击 ^{235} 铀的原子核时,它就会分裂成 2 个质量较小的原子核和 $2 \sim 3$ 个快中子。在一定的条件下,新产生的中子会继续引起更多的铀原子核发生裂变,这样一代一代反应下去,就像链条一样环环相扣。与此同时,核能被连续不断地释放出来。

科学家将此命名为链式裂变反应。很快,链式反应就被实验所验证:

$$^{235}_{92}U + ^1_0n \longrightarrow ^{140}_{54}Xe + ^{94}_{38}Sr + 2 \sim 3 ^1_0n$$

我们可以通过下面的一组数据来进一步了解核裂变的链式反应现象。当中子第一次轰击 ^{235} 铀燃料时会引发一次核裂变反应,当铀燃料裂变后会重新释放出新的中子。按照一般统计规律,每次裂变可放出 $2 \sim 3$ 个中子,即平均为 2.5 个中子(这里的数字只是统计结果,实际情况不是 2 就是 3,不可能出现 2.5 的情况)。我们可以试算一下,第一次、第二次、第三次、第四次、第五次……裂变相继发生后,中子数量会按照 2.5、6.25、15.6、39、97.5…的规律增长下去。在实际反应堆条件下,由于裂变产物会吸收掉一部分裂变过程中新产生的中子，所以不会发生上述倍增现象。但总体还是要求每次裂变后，能够有效轰击核燃料的中子增长要大于或等于1，这是维持自持链式反应的必要条件，否则就需要从外界补充新的中子来维持链式裂变反应。

实现链式反应是核能发电的前提，链式反应使核裂变产生的巨大能量能够持续、平稳地输出，这是可控的核裂变反应。现有的核电站大多是利用 ^{235} 铀链式反应过程中所释放出的核能来达到发电的目的的。1942年12月2日，美国芝加哥大学成功地启动了世界上第一座核反应堆。1954年，苏联建成了世界上第一座核电站——奥布灵斯克核电站。从此，核能发电走上了历史舞台，一座座核电站在世界各发达国家和地区拔地而起，尤其是那些一次能源缺乏的发达国家，比如法国，核电超过全国电力的70%。

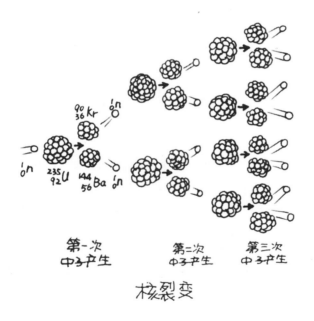

核裂变

✿ 核聚变的概念

1939 年,美国物理学家贝特通过实验证实,把一个氘原子核用加速器加速后,与一个氚原子核以极高的速度碰撞,两个原子核就发生了融合现象,形成了一个新的原子核——氦,外加一个自由中子。在这个过程中,释放出了 17.6 兆电子伏(注:电子伏是一种原子物理中常用的能量单位,1 兆电子伏 = 1.6×10^{-13} 焦)的能量。我们把这种质量小的原子,比方说氘和氚,在一定条件(如超高温和高压)下发生原子核互相聚合作用,生成中子和氦-4,并伴随着能量释放的核反应形式称为核聚变。这就是太阳持续 45 亿年发光发热的原理。

氢的三种同位素

同位素	氕(H)	氘(D)	氚(T)
质子数	1	1	1
中子数	0	1	2
氢的氧化物	普通水	重水	超重水

$$^2_1H + ^3_1H \longrightarrow ^4_2H + ^1_0n + 17.6\ MeV$$

目前,人类已经可以实现不受控制的核聚变,如氢弹的爆炸。由于原子核都带正电,因此距离很近时会产生很大的斥力,所以要让原子核进行相撞,必须让原子核以极快的速度运行,最简单的方法就是提高温度,一般核聚变都要在近亿度的高温下才能进行。氢弹就是靠先爆炸一颗核裂变原子弹产生高热,来触发核聚变起燃器,使氢弹爆炸。但是可控的核聚变反应是不能用原子弹进行引爆的,因为核聚变发电需要缓慢释放,而原子弹的爆炸本身就是不可控的因素。

与核裂变相比,核聚变有两个重要特点。第一个特点是地球上蕴藏的核聚变能远比核裂变能丰富得多。据测算,每升海水中含有 0.03 克氘，所以地球上仅在海水中就有 45 万亿吨氘。
1 升海水中所含的氘，经过核聚变可提供相当于 300 升汽油燃烧
后所释放的能量。地球上蕴藏的核聚变能约为全部核裂变释放
能量的 1000 万倍，可以说是"取之不尽"的能源。至于氚，虽然
自然界中并不存在，但依靠中子同锂的作用，可以生产，而海水
中也含有大量的锂。第二个特点是既干净又安全，因为核聚变
不会产生污染环境的放射性物质。同时，受控的核聚变反应可
以在稀薄气体中持续而稳定地进行，因此是安全的。

目前，科学家正在努力研究如何更好地控制核聚变。目前
几种主要的可控核聚变方式为：超声波核聚变、激光约束（惯性
约束）核聚变、磁约束核聚变（托卡马克）。我国在安徽合肥中国
科学院等离子体物理研究所，建有中国自行设计、研制的世界上
第一个全超导托卡马克核聚变实验装置（Experimental
Advanced Superconducting Tokamak，简称 EAST，又称"人造太
阳"）。该装置历时 8 年建设，耗资 2 亿元人民币。EAST 产生
等离子体最长时间可达 1000 秒，温度超过 1 亿℃，标志着我国
磁约束核聚变研究进入国际先进水平。

什么是核反应堆

核反应堆的类型

核反应堆是指装配了核燃料,用来进行大规模可控核反应的装置。目前,在以发电为目的的核能动力领域,世界上普遍应用的核反应堆类型主要有压水堆、沸水堆、重水堆、高温气冷堆和快中子堆5种堆型。

压水堆是以低浓缩铀作为燃料,轻水作为冷却水和慢化剂的一种热中子堆型。它具有结构紧凑、堆芯功率密度大、基建费用较低、建设周期较短等优点。然而,压水堆必须采用高压的压力容器和具有一定富集度的核燃料,通常会采用^{235}铀含量在3%～5%的低浓缩燃料,因而压水堆核电站要付出较高的燃料费用。经过40年来的一系列重大改进,压水堆核电机组已经被世界各国公认为是技术最成熟、运行安全又经济的实用堆型。

沸水堆与压水堆同属于轻水堆家族,不过相比于压水堆,沸水堆的辐射防护和废物处理较复杂,功率密度比压水堆小,由于这些缺点的存在,使得在过去的几十年中,沸水堆的地位远不如压水堆。但随着科学技术的不断进步,沸水堆核电站性能越来越好。先进的沸水堆的建造在这几年已经取得了很大的进展,在经济性、安全性等方面大有超过压水堆的趋势。

重水堆是指用重水作慢化剂的反应堆。重水堆大多采用加压重水或沸腾重水,根据冷却剂和慢化剂的类型,可以派生出多种类型。由于重水堆能够利用天然铀资源,不需要依赖浓缩铀厂和后处理厂,所以许多国家已先后引进加拿大的重水堆。我国的秦山核电站第三期工程也从加拿大引进了两个重水堆核电机组。

高温气冷堆是一种用气体作冷却剂的反应堆,因为气体密度低、导热能力差、循环时消耗功率大等原因,高温气冷堆技术开发经历了曲折的发展道路。但由于其核电站选址灵活且热效率高、具有高转化比等优点,因此吸引住了各国科学家对它进行不断的探索和研究,英国、美国等已经建立起高温气冷堆,该项技术在国际上引起了普遍重视。

快中子堆(简称快堆),由于其要求中子能量比较高,所以没有慢化剂,再加上堆内结构材料、冷却剂及各种裂变产物对快中子的吸收几率很小,因此中子的浪费少。当一个核燃料裂变时,除了维持自身的链式反应外,还可以产生多余的中子,用来使不可裂变的 ^{238} 铀转变为可裂变的新燃料——^{239} 钚。也就是说,在快中子堆中只要有足够的 ^{238} 铀,燃料是越烧越多的,这种情况被称为核燃料的增殖。因此快堆又称增殖堆。这是快堆与热堆的主要区别,也是快堆的主要优点。现在快堆技术已日臻完善,是目前接近成熟的堆型,为大规模商业应用准备了条件。

$$_{92}^{238}\text{U} + _{0}^{1}\text{n} \longrightarrow _{92}^{239}\text{U} \xrightarrow{\beta^-} _{93}^{239}\text{Np} \xrightarrow{\beta^-} _{94}^{239}\text{Pu}$$

让我们茁壮成长,支撑能源的明天

压水堆　沸水堆　重水堆　高温气冷堆　快中子堆

✇ 核反应堆的组成

核反应堆是核电站的心脏,核燃料的全部裂变过程都是在反应堆中进行的,同时还会释放大量热能,使得反应堆工作环境非常艰苦。另外,核反应堆在启动前及运行过程中会发生很多变化,其中材料的变化最为突出。例如,反应堆启动前往往只有燃料、结构材料、冷却剂、慢化剂等十几种材料,但运行过程中会逐渐产生大量的裂变产物,使得反应堆内的"材料"越来越多,到核反应堆停堆时甚至可能多达数百种。

目前商业化运营的核反应堆内部主要由反应堆堆芯及燃料填装系统、冷却系统、慢化系统、控制系统、屏蔽系统、辐射监测系统以及外部冷却、应急电源等部分组成。

堆芯及燃料填装系统是为核反应堆燃料提供一个物理空间,保证核反应堆在一定的时间周期内能够有足够的燃料使用,同时能够暂时容纳裂变中间产物,确保反应堆在一个运行周期内不需要为了更换燃料而停堆。目前核反应堆使用自然界中存在的易于裂变物质——^{235}铀作为燃料。今后随着技术进步,还可以使用人工合成的裂变燃料——^{239}钚或^{233}铀。为了保持燃料的物理结构和化学稳定性,通常将这些燃料制成金属合金、金属氧化物或碳化物等形式,加工成棒状或球状等几何形状,然后再放置到反应堆堆芯当中。

冷却系统中的冷却剂是为了将核裂变过程中产生的热量导出来,不同的核反应堆有不同的冷却剂,一般的冷却剂有轻水(普通水)、重水、液态金属钠以及氦气等,是反应堆中必不可少的部分。通过冷却剂在反应堆与常规岛之间的循环流动,迅速把反应堆内所产生的热量带到汽轮发电机去生产电能。

另外,由于慢速的中子更容易引起^{235}铀发生裂变,而刚刚裂变出来的中子都是快中子,所以核反应堆需要慢化系统将裂变产生的中子进行减速,充分降低快中子的能量,使其变成慢中子,更好保证链式反应的顺利进行。在慢化系统中常用的慢化剂有轻水、重水、石墨等。值得一提的是,有些反应堆是不需要慢化系统的,例如快中子反应堆。由于快中子有利于不可裂变材料^{238}铀转变成可裂变燃料^{239}钚,通过这种办法,可以将天然铀矿中含量为 99.3％的^{238}铀转变为可裂变燃料^{235}铀。我们可以试算一下,利用 99.3 除以 0.7 可以得到 141.9,这个计算结果能够给我们带来一个很重要的启示,即通过快中子反应堆,在仅充分利用自然界中^{238}铀的情况下,就能使自然界中可裂变核燃料的资源量增加 140 倍以上。

　　控制系统主要是为了满足核反应堆安全运行需要。当反应堆投入正常运行时,其中一项重要任务是调节中子的数量。当中子数量多的时候,需要通过带有中子吸收功能的调节棒吸收一部分中子;当中子数量缺少的时候,则通过外界中子源进行补充,保持反应堆输出负荷平稳。屏蔽系统、辐射监测系统主要为了隔离和防止放射性物质外泄。外部冷却、应急电源是反应堆的保护措施,保障反应堆在发生事故时,不至于被"烧坏"或者设备"停电"。

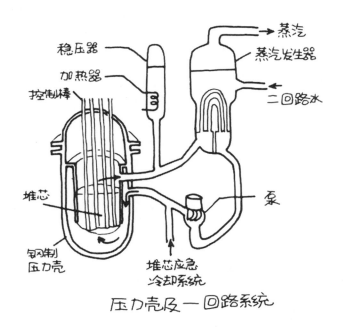

压力壳及一回路系统

❧ 核反应堆的安全问题

核能是一把双刃剑，核能利用从一开始就引起世界各国的广泛争议。不可否认的是，核能在安全措施齐全的情况下，它的确是高密度的清洁能源。核能发电既不像化石燃料发电那样向大气中排放大量的污染物，也不像水电站那样会破坏水生态系统。然而，从切尔诺贝利事故和日本海啸导致的核泄漏事故来分析，一旦发生核反应堆的安全事故，核辐射将会给核电站周围的居民甚至是全球的居民带来巨大的灾难。

核能的开发和利用可以给人类带来巨大的经济效益，同时也伴随着一定的潜在性危害。对待核泄漏事故的危害，我们应该用科学的态度去对待，只要我们掌握好它的规律，核辐射的危害是可以减少和防止的。国际上用剂量当量来衡量周围环境的辐射强度。该剂量当量的单位是希沃特（Sv），简称希。表示 1 千克物质吸收 1 焦的当量热量。对于核电站周围的核辐射强度都有严格的监测和指标控制，以确保核电站工作人员和周围居民的安全。从量化的角度来讲，某些地区自然条件下的本底辐射甚至达到 3.7 毫希/年，而在核电站周围生活一年所受到的辐射只有 0.01 毫希，比做一次胸肺透视还少。

由于核辐射的原因，核电站有区别于常规电厂的特殊安全问题，它的风险主要来自一旦发生核泄漏事故，那些不可控的放射性元素的释放。因此如何减少核泄漏事故对工作人员、周围居民及环境所造成的危害，就成为核电厂区别于常规火电厂的特殊安全问题。通常，人们称之为核安全。核裂变过程有三种放射性射线会引发安全问题，它们分别是 α、β 和 γ 射线。对于正常运行的核反应堆，这 3 种射线都能被有效屏蔽。放射性射线对人体的伤害通过内、外照射两种途径引起，其中内照射主要由于吸入放射性物质引起的。射线对人体的危害可分躯体效应和遗传效应两种，躯体效应又分急性效应和远期效应。

放射性射线	穿透力	举　　例
带正电荷的 α 粒子($_2^4$He)	一张纸	Pu —→ U + He
带负电荷的 β 粒子($_{-1}^0$e)	10 mm 厚铅板	Co —→ Ni + $_{-1}^0$e
不带电荷的 γ 射线	1 米厚混凝土	

　　核电站的设计和运行必须保证辐射照射物质都处在严格的技术和管理措施的控制之下。核电站的设计、建造和运行必须严格贯彻执行安全的原则，更重要的是核反应堆的安全设计。在核反应堆中，设置了 4 道屏障来防止放射性核物质的外泄事故。这 4 道屏障依次为燃料芯块、元件包壳、一回路压力边界和安全壳。反应堆的安全性体现在无论是正常运行状态还是事故发生状态，都必须有效地保证反应堆的安全性，确保堆芯的冷却。

　　历史上已经发生的核安全事故给人们带来了惨痛的教训。1990 年，在全球范围内制定了国际核事故分级标准，将核安全事故按造成的影响和损失分为 7 级，级别越高表示造成的损失越大。6 级以上的核安全事故有 1986 年苏联的切尔诺贝利核事故和2011 年日本福岛核泄漏事故。在这两起核安全事故中，大量的放射性物质外泄，对人类的健康和生态环境造成了巨大的影响。

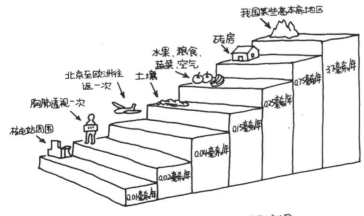

居民在生活中受到的天然辐射剂量

电力系统的建设、
运行及管理

不同动力的发电厂

🕊 水力发电站

　　流动的水具有一定的动能,奔腾的大河大江中更是蕴藏着不可小视的能量。人们可以利用水位差中蕴含的势能来生产电力,这个过程称作水力发电。从能量的角度来看,水力发电就是利用水力来推动水力机械(水轮机)转动,将势能转变为机械能,再通过发电机组,将机械能转变为电能的过程。

　　现实生活中的水电厂是将水能转换为电能的综合工程设施。它包括能够利用水机械能生产电能的一系列水电站建筑物及装设的各种水电站设备。一般来说,水力发电有以下基本流程:首先,水力发电站汇集天然水流形成水头,调节水流的落差和流量;其次,将调节后的水流输送至水轮机,经水轮机与发电机的联合运转,将集中的水能转换为电能;最后,经变压器、开关站和高压输电线路等设备,将电能安全而平稳地输入电网。

　　水电站有多种不同的分类方法。按照水电站所利用水源的性质,可分为:常规水电站、抽水蓄能电站和潮汐电站。按照水电站对天然水流的利用方式和调节能力,可以分为:径流式水电站、蓄水式水电站。按照水电站装机容量的大小,可分为大型、中型和小型水电站。国际上一般把装机容量 5000 千瓦以下的水电站定为小型水电站,5000~10 万千瓦的为中型水电站,10万~100 万千瓦的为大型水电站,超过 100 万千瓦的为巨型水电站。

　　水力发电有其得天独厚的优势。首先,有效合理地使用水力资源发电可以节约资源量有限的煤炭、石油等矿物燃料。在持续、稳定、高效发电的同时,水电厂并不会产生废气、废水、废渣。其次,水力资源成本较低,水力发电厂的设备使用寿命相对较长,这些都有利于水力发电厂的长期稳定运转。其三,水力发电厂在生产过程中几乎不需要原料的运输,而且水力发电的能量利用率高,发电功率大。其四,水力发电站在防洪蓄水、灌溉供水、旅游航运等方面都有突出的贡献。

然而,水力发电站也有其不足之处。首先,水力发电站的建设对地域的要求较高,因此需要高额的初期资金投入。其次,水力发电站的容量和发电量受河流丰枯的影响较大,其发电功率不能像其他类型的发电站那样具有持续的稳定性。其三,水力发电站的建设会淹没部分土地,甚至需要搬迁当地一部分居民,还会对生态多样性、生态稳定性产生负面影响。

中国目前已经建成了三峡、葛洲坝、乌江渡、龙羊峡、白山等各类常规的水力发电站,还建成了潘家口等大型抽水蓄能电站及试验性的江夏潮汐发电站。截至 2012 年,全国水电总装机容量已达到 2.3 亿千瓦,居世界第一位,占全国发电装机容量的20%,仅次于火力发电。

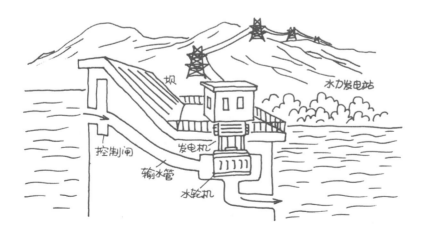

化石燃料发电厂

地球上蕴藏着丰富的煤油气等化石能源,在当今技术条件下,全球范围内可开采的化石能源储量十分巨大,且化石燃料的热值较高,通过燃烧这类化石燃料,人们可以获得大量生活所需的能量。

化石燃料发电厂是利用煤、石油、天然气等化石燃料,通过发电设备生产出电能的工厂,又称"火力发电厂"或"火电厂"。一个典型的化石燃料发电厂一般包括以下几个基本生产流程:燃料在锅炉中燃烧,加热水使之成为蒸汽,在这个过程中,燃料的化学能被转变成热能;利用蒸汽压力推动汽轮机旋转,使热能转换成机械能;汽轮机带动发电机旋转,将机械能转变成电能。还有一些是利用燃气轮机作为原动机的发电厂,在一些较小的电站中,有时还会使用内燃机或柴油机来发电。

锅炉、汽轮机、发电机是火电厂中的主要设备,亦称三大主机。与三大主机相辅工作的设备称为辅助设备或辅机。主机与辅机及其相连的管道、线路等称为系统。火电厂的主要系统有燃烧系统、汽水系统、电气系统等。

除了上述主要的系统外,火电厂还包括一些辅助生产系统,如燃煤的输送系统、水的化学处理系统、灰浆的排放系统等。这些系统与主系统协调工作,它们相互配合,完成了电能的生产任务。大型火电厂必须保证所有系统、设备的正常运转,因此火电厂装有大量的仪表,用以监视这些设备的运行状况;火电厂同时还设置有自动控制系统,以便及时对主辅设备进行调节。现代化的火电厂,已采用了先进的计算机分散控制系统。这些控制系统可以对整个生产过程进行控制和自动调节,根据不同情况协调各种设备的工作状况。

与水力发电站相比,化石燃料发电厂不再需要考虑苛刻的地理条件。但化石燃料发电厂也有它的不足。首先,化石燃料燃烧后的烟道废气会被排放到大气中,引发空气污染、酸雨、温室效应等环境问题。其次,化石燃料发电厂需要消耗大量的不可再生资源,且能源利用率低。据统计,目前这类电厂的效率在35％左右。最后,燃料运输、燃料价格上涨也是限制其发展的瓶颈之一。

化石燃料发电厂有多种分类方式。按燃料种类,可分为燃煤发电厂、燃油发电厂、燃气发电厂、余热发电厂以及以垃圾和工业废料为燃料的发电厂;按原动机类型,可分为凝气式汽轮机发电厂、燃气轮机发电厂、内燃机发电厂和蒸汽—燃气轮机发电厂等;按输出能源方式,可分为凝汽式发电厂(只发电)、热电厂(发电兼供热);按蒸汽压强和温度,可分为中低压发电厂(3.92兆帕,450 ℃)、高压发电厂(9.9 兆帕,540 ℃)、超高压发电厂(13.83 兆帕,540 ℃)、亚临界压力发电厂(16.77 兆帕,540 ℃)、超临界压力发电厂(22.11 兆帕,550 ℃)。截至 2012 年底,全国发电设备装机容量已经超过 10 亿千瓦,其中火力发电共计 7 亿多千瓦,超过全国装机总量的 70％。

化石燃料

核电站

核能发电是近几十年来新兴的一项革命性技术，人们利用核能中蕴含的巨大能量来为人类谋求巨大的福利。核电站是利用核裂变或核聚变反应所释放的能量生产电能的发电厂。目前，在商业运转中的核能发电厂都是利用核裂变反应，使用的燃料一般是放射性重金属^{235}铀。

核电站与火电站发电过程相类似，均是热能—机械能—电能的能量转换过程，它们的不同之处主要在于热源部分。火电站是通过化石燃料在锅炉设备中燃烧产生热量，而核电站则是通过核燃料链式裂变反应产生热量。核电站以核反应堆来代替火电站的锅炉作为热源，通过核燃料在核反应堆中发生特殊形式的"燃烧"产生水蒸气，水蒸气通过管路进入汽轮机，推动汽轮发电机工作。

核电站的组成通常有两部分：利用原子核裂变生产蒸汽的核岛（包括反应堆装置和一回路系统）和利用蒸汽发电的常规岛（包括汽轮发电机系统），这两部分共同组成核能发电系统。

核电站的建设至今还存在很大争议，主要在于它具有突出的优缺点，就像一把"双刃剑"。

核电站的主要优点：

（1）核能是一种清洁的能源。核能发电不会排放巨量的污染物质到大气中，因此核能发电不会造成空气污染；

（2）核燃料能量密度比化石燃料高上几百万倍，故核电站所使用的燃料体积小，运输与储存都很方便。一座 100 万千瓦的核电站一年只需 30 吨的铀燃料，通过飞机一次航运就可以完成核燃料的运送工作；

（3）核能发电是解决能源问题的重要途径之一。据计算，1 千克^{235}铀裂变放出的热量相当于燃烧约 2700 吨标准煤。从这个角度来说，核能是一种不可或缺的替代能源；

（4）在核能发电的成本中，燃料费用所占的比例较低，核能发电的成本较不易受到国际经济形势的影响,故发电成本较其他发电方法为稳定。

核电站的主要缺点:

(1)核电站热效率较低,热污染较严重;

(2)核电站具有一定的安全隐患,一旦发生事故,后果极其严重;

(3)现阶段的核能发电仍然会产生很多放射性废物,其中尤以高放射性废物的处理及处置为国际性难题,只能通过填埋等方式作暂时的控制和处理;

(4)核电站对选址的要求较高。首先要求该地区在发生灾害后能够把损失降低到最小,其次要求该地区有大量的水源和良好的大气扩散条件。

截至 2012 年底,我国核电站装机容量共计 910 万千瓦,核电站装机容量约占全国电力总装机容量的 1%。

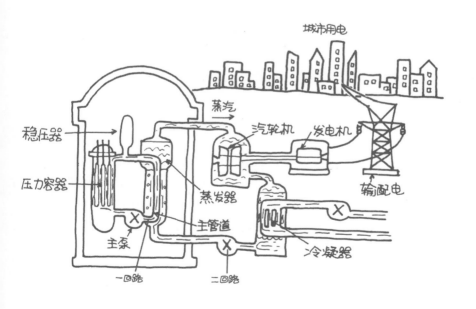

分布式发电

　　分布式发电是一种电能产生或储存能量的系统,其设备装置通常位于用户附近。它有别于传统的集中发电方式,还没有真正走入人们的生活。分布式发电系统通常容量较小,涉及范围和区域也较为适中。但是,它不会浪费资源,能源利用效率比现有电网高出 20% 以上,一般在 60%～70% 这个区间,又可称为分散式发电或分散型发电,它是一种容量适中,能够就近满足用户各种能量需求的供应方式。分布式发电概念早在 1978 年由美国作为法规公布并予以推广,然后逐渐被其他国家所接受。近年来,已有较好的发展趋势。

　　分布式发电具有广泛的用户适应性,通常是发电功率在几千瓦至几兆瓦。从某种意义上讲,"家家都是电厂",其实说的就是一种广义上的分布式概念。今后,随着技术成熟,小到一个家庭,大到一个工厂都能寻找到适合的应用设备。同时,分布式能量供应方式在产生电能的同时,还可以附加输出热能或冷能,多角度满足用户需求。其系统设备类型主要包括:燃用化石燃料的内燃机、微型燃气轮机以及太阳能发电(光伏电池、光热发电)、风力发电、生物质能发电以及燃料电池发电等。

　　发电设备通常需要接入中压或低压配电系统,随着设备的逐渐增加,已经开始对传统的输配电方式产生影响。例如,传统的配电系统仅具有分配电能到末端用户的功能,而未来配电系统将有望演变成一种电力交换中枢,既能收集分布式电源送来的电力,又能把它们传送到需要购买电力的用户那里。因此,未来的电网将不仅是"配电系统",同时是一个"电力交换系统"。

　　分布式发电可以根据用户需求的不同,大致分为电力单供方式、热电联产方式或热电冷联供三种方式。小容量分布式装置可以就近安放在一个建筑物附近,直接为用户提供所需电力,所产生的热(冷)量可通过建筑内的管道输送至终端用户。大容量分布式装置,即以热电厂为热源的区域供热或区域冷热联供系统,发电一般直接输送至电网,而热(冷)量则通过管网输送给各类用户,主要包括热水输送、冷水直供和蒸汽输送等。分布式发电装置所需燃料来源十分广泛,既有依靠传统化石能源的分布式发电,如天然气热电冷三联供;又有依靠新能源的分布式发电方式,如太阳能光伏分布式发电以及燃料电池发电等。由于各种发电方式的技术成熟度、发电成本相差甚远,因此在设备选型时十分有讲究。

分布式发电的优点:

(1) 输电损失小:由于分布式发电大多布置在用户附近,有效减少了电力传输损失;

(2) 热电适应性好:系统可以根据具体的需求对热、电比进行一定范围内的调整,更好地适应用户负荷变化需求;

(3) 能源利用效率高,环保效益好。

分布式发电的缺点:

(1) 需要电网配合,可能对电网运行产生干扰或冲击;

(2) 系统复杂,维修及故障点较多;

(3) 往往使用天然气作为燃料,运行成本受天然气价格影响较大。

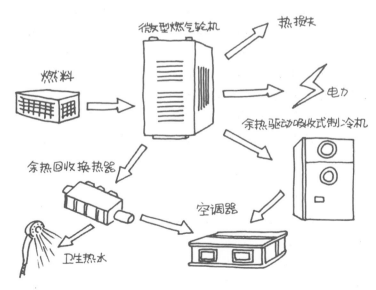

电　力　系　统

电力系统的概念

电力系统是电能的生产、运输与消费的系统,包括发电、输电、变电、配电和用电等环节。与各种环节相对应的,它的主体结构有电源(发电厂)、变电所、输配电线路和用户等。

电力系统将自然界的各种一次能源,如煤、核能、水力等,转化成电能,再输送给千家万户。事实上,为了实现这一功能,电力系统在各个环节上都必须小心翼翼。为了电力系统运行的安全与可靠,除了保证电力设备自身的可靠性以外,还必须安装各种自动化系统,以达到测量、调控和调度的快速和准确。

电力系统的形成可以追溯到 19 世纪,那时候,只有小容量的发电机单独向工厂等供电,主要用于照明。到了 19 世纪 80 年代,爱迪生主建了珍珠街发电站,用 6 台直流发电机供电。90 年代初,三相交流电登场,电力系统的发展也进入了快速发展的时期,尤其是复合电力系统的出现,终结了直流输电的历史。然而,随着科学技术的进步,高压直流输电又重获新生,交直流混合系统再次改进了电力输送的功能。

现代电力系统的发展究竟有哪些特点呢? 首先,它必须借助自动化装置进行控制,如继电保护装置、减载装置等,这样才能更好地解放人的双手,同时减少系统的错误。事实上,电力系统自动化也一直是人们力求发展的方向,目前人们的研究热点之一,就是变电站综合自动化。电能是不能大量储存的,因而电能的生产、输送、分配和使用都是同时进行的。而用户用电则是随机变化的,因此要求电力系统确保能够连续不断地供电。如此一来,电力系统的工作人员对用户负荷的预测就变得十分重要。因此,提高负荷预测的准确性也是电力系统的一个重要研究课题。

自 20 世纪以来,人们更加重视增加发电机的单机容量,提高输电电压,扩大电力系统的规模。我国从 50 年代起就开始大力发展电力系统,现有的发电机装机容量 2000 万千瓦以上的电力系统有十余处。截至 2006 年底,东北电网总装机容量超过4000万千瓦,华中电网 10088 万千瓦(含三峡),华东电网13890万千瓦,华北电网超过 11500 万千瓦。与此同时,由于环境保护等多方面的问题,电源结构调整势在必行。从总体上看,我国呈现火电 70%,水电 20%,核电 10% 的配比态势。虽然风电等新能源的发电并网还有许多问题亟待解决,但是新能源的利用则是能源技术发展的趋势之一,而且必将变得越来越重要。

总之,电能的生产和使用,与科学技术的进步相辅相成,在人类还没有找到一种可以代替电能的有效方法之前,在电力系统这条发展道路上,我们还要走很远很远……

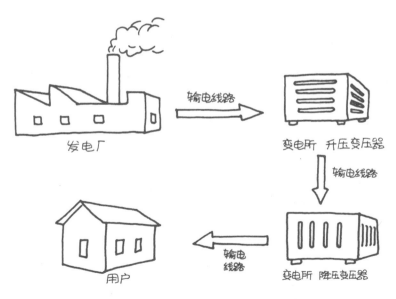

发电厂　　输电线路　　变电所　升压变压器　　输电线路　　变电所　降压变压器　　输电线路　　用户

电压等级

电压等级,指在电力系统中使用的标称电压值系列,也可以说是电力系统和电力设备的额定电压级别系列。额定电压是对电力设备所规定的正常电压。通俗地讲,就是在此电压下长期工作,设备的使用效率和寿命都是最好的。那么,设备本身也存在最高电压,即考虑设备的绝缘性能允许的最高运行电压值。

那么,电压等级的意义究竟体现在哪里?难道是需要什么电压,就供给什么电压就行了吗?这显然是不对的。如果每一种规划,都采取最适合的输电电压,那么由于电压等级的增加,电力设备就会变得复杂化,不利于电力系统的运行和维护。如果相邻电压级差太小,同样会造成电力网复杂,难以实现分层分区、经济运行。综合这两点,电力系统就需要制定标准的电压等级系列。我国电压标准为 1000 千伏、750 千伏、500 千伏、330 千伏、220 千伏、110(66)千伏、35 千伏、10 千伏、6 千伏、0.38 千伏、0.22 千伏。根据这一标准,人们在日常生活或工程项目中可以选择最适用的电压等级。我们日常生活中最熟悉的电压是 220 伏,电灯、电冰箱以及各种电源适配器等均连接在 220 伏的交流电上。然而某些电器,比如笔记本电脑以及电源适配器的输出电压往往是 12～24 伏,为什么电力系统不配送这类等级的电压呢?其实,就是为了避免上述两个问题的产生。

那么,这些不同级别的电压分别用于什么样的线路?通常情况下,1 千伏以下的电力线路称为低压配电线路,1～10 千伏线路称为高压配电线路,35 千伏线路以前归属高压输电线路,但随着我国电力工业的发展,35 千伏线路已不再是电网之间的联络线路,在很多城市中已经成为城市配电网的一部分,110(66)～220 千伏线路称为高压输电线路,330 千伏和 500 千伏线路称为超高压输电线路,750 千伏及以上线路称为特高压输电线路。显然,受电能质量的限制和输送电能的经济性考虑,不同电压适用于不同的输电距离和输送功率,小到 1 千米 100 千瓦,大到 1000 千米 300 万千瓦,甚至更高,适用电压也从 0.4 千伏增加到 1000 千伏。这里的范围很大,其中的误差需要严格控制！国家明文规定,35 千伏及以上的供电电压正负误差的绝对值之和,不得超过标称电压的 10%;10 千伏及以下的三相供电电压,允许偏差为标称电压的 $-7\% \sim +7\%$;220 伏允许偏差为 $-10\% \sim +7\%$(198~235 伏)。电压是衡量电能质量的基本指标之一,这点毋庸置疑。

目前,我国最高交流电等级是 1000 千伏,从山西省长治市到湖北省荆门市,从 2008 年 12 月 30 日开始投入运行;最高直流电等级是 ±800 千伏,从云南省至广东省的 ±800 千伏直流输电工程,是国家直流特高压输电自主化示范工程,也是世界上第一个投入商业化运营的特高压直流输电工程。输电距离达 1373 千米,每年减少二氧化碳排放量约 1760 万吨。这些高电压的输电工程,很好地加强了区域经济的联系,促进了低碳经济发展,也为以后更大规模的输电工程奠定了基础。

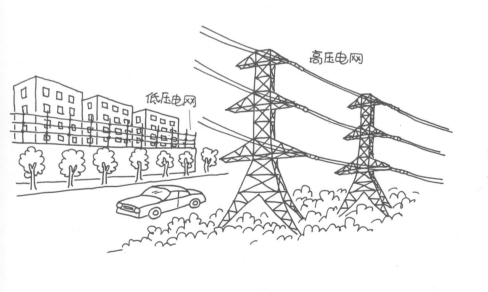

🕊 电网结构

电网是电力系统中联系发电和用电的设施和设备的统称。它属于输送和分配电能的中间环节,主要由连接成网的送电线路、变电所、配电所和配电线路组成。

电力网可分为 3 个环节:输电、变电、配电。输电,一般是用 330 千伏以上的电压,将电能从发电厂送往远方的负荷中心。归结输电过程的 3 个特点为地域分布广,环境复杂;设备资本密集程度较低;设备技术密集程度较低。这 3 个特点,看上去似乎都是输电过程的缺点。因此,科学家一直在寻找效率更高的输电方式。从目前来看,提高输电电压是实现大容量或者远距离输电的主要手段。正如前文所说的,1000 千伏交流电和 800 千伏直流电这样的特高压的出现,就是科学技术水平不断进步的标志。

变电,即通过电力变压器传输电能,升压是为了降低损耗,降压是为了满足不同电压等级用户的需要。变电的中心设备是变压器,它是利用电磁感应原理工作的。

配电,是在一个用电区域内向用户供电,是电力网结构中直接与用户相连并分配电能的环节。配电同样需要升降电压,这个过程也是用电力变压器完成的。最后产生不同类型的交流或直流供电方式,以对应不同的用途。在变电和配电环节,变电所(包括配电变电所)至关重要,它对电能的电压和电流进行交换、集中和分配,并且保证电能的质量和设备的安全。

有了上述这些信息,我们就可以了解一些基本的电力网结构。比如,辐射式电网,就是一个发电厂向四周输电,其结构简单,运行方便。但是,由于用户仅能从这一个电源点取电,一旦电厂或输电线路出现故障,就只能停电。因此,其供电可靠性不高。环形电网,输配电线路连接成环形回路,这样用户就至少可以有两个取电方向,还能承受一定的小事故,其可靠性比辐射式电网要高一些。但是,一旦发生大的事故,可能会导致电网崩溃。而且环形电网的工程量要比辐射式电网大很多。因此,上述这两种电网各有利弊。人们在大型的电力系统中一般都会选择网状电网,这种电网要复杂很多,用户至少能从三个方向来取电。很显然,网状电网的建设需要花费更高的资金。然而,我们首要的目标是要保证电网供电的可靠性,因为电网出现的最大问题就是大面积停电,这将导致人们的生活和工作陷入瘫痪状态,由此造成的经济损失也难以估量。

目前,我国电网已进入高电压、大电网、大机组的新阶段。大电网比小电网具有很多明显的优越性,但大电网对可靠性要求更高,若发生恶性连锁反应,可能造成严重的社会影响和经济损失。近年来,欧美一些国家先后发生大规模停电事故,给社会生产和生活造成了严重影响。2003 年 8 月 14 日,美国东北部、中西部和加拿大东部联合电网发生停电,随后,英国、澳大利亚、马来西亚、芬兰、丹麦、瑞典和意大利等国又相继发生了较大面积停电事故,这些大停电事故也给我们国家的相关部门敲响了警钟。我们对电网结构的优化仍需投入大量的人力物力,以期避免安全事故的发生。

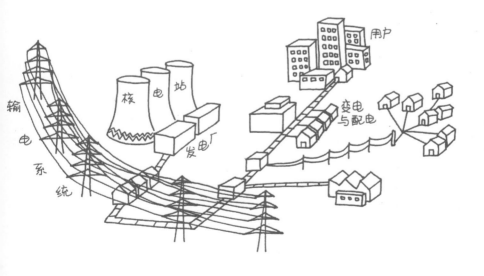

🕊 电网损耗

在整个电力系统运行时,电网上的电力损耗每时每刻都在发生。电网损耗有几种分类方式,按损耗的设备分类,可分为有功损耗与无功损耗。下面,我们介绍一种分类方法:固定损耗,可变损耗及其他损耗。

固定损耗是指电网上不随负荷变化的部分。变压器、电抗器、各种仪表及电力电容器介质损耗等,这些在电压等级确定以后,基本被认为其损耗的功率是恒定的,所以用功率乘以通电时间,就可以得到损耗的电能。

而可变损耗则是需要重点关注的。输电线路、变压器、电抗器等设备上都存在可变损耗。最值得一提的是,输电线路上的发热,其功率用 P 表示,$P = I^2 \times R$,其中 I 是通过线路的电流,R 是线路的电阻。从公式中我们可以看出,电流电阻越高,发热量就越大,损耗的功率就越多。因此,在输电过程中,人们首先要考虑的是降低输电线的阻值。比如用铜线,可以降低输电线的阻值。但是,考虑到成本费用,又可以换成铝线。如果加上温度、气候等各种因素,人们发现,各种复合材料可以更好地改善电线的阻值。在经济和环境条件允许的范围内,应该合理选用电线材料,以尽可能达到阻值最低。与此同时,人们还要致力于减小输电电流,因为总的输出功率是要与用户需求平衡的。根据公式 $P = UI$,输出电压越大,输出电流就越小。这就解释了前面提到的问题,在远距离输电的过程中,因线路长而电阻就会比较大,因此高压甚至特高压(交流 1000 千伏,直流 800 千伏)输电,就显得非常重要。除了输电线路,在变压器中,电流通过绕组时,也会在铁心形成涡流,有电流通过有电阻的导体,那么自然就会产生热量。要改善这种情况,就要设计材料和结构更合理的变压器,从而减少不必要的热量生成。此外,随着超导技术的研究与开发,已经给电网改良注入了新的活力。目前,超导发电机已经投入运行,如果继续进行技术完善,广泛发展超导输电,那么可以节约的电能将会更多。

关于其他损耗,主要是实际测量的损耗与理论计算的损耗总会有差值。这是因为供电管理总有不够完善的地方。比如某处电路漏电了,电表仪器出现故障了,甚至有居民恶意窃电,等等,种种原因的累加,便形成了这样的一笔损耗。对于这类损耗的处理,只有加强地方政府的用电管理,及时处理线路或仪器的损坏问题,加强居民诚信用电的宣传教育,才能得到相应的正面效果。

有报道表明,截至 2006 年,虽然我国新建发电机组的技术水平和环保水平已经与发达国家基本相当,但是我国在输电线路的线损率方面比国际先进电力公司高 2%~2.5%,相当于一年多损耗电量 450 亿千瓦时。这个损耗量,相当于我国中部地区一个省的全年用电量。因此,改善电网、减少电网损耗,仍然是一个严峻的课题,需要全方位、多角度挖掘电网的节电潜力,提高电网运行的经济效益。提高电网的经济效益可从两方面着手:一是节约用电,充分发挥每度电的效能;二是降低成本,使电力企业能多发多供电。

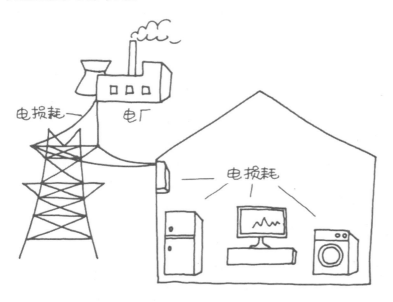

用电的科学管理

🕊 电能平衡测试

　　能源是一个国家发展国民经济的重要物质基础,而电力更是其中的重中之重。在科技水平高速发展的今天,电力是工农业生产和科技发展的主要推动力,也是在今后相当长的一段时期内国民经济发展的重要保障。面对我国电力发展的现状,我们更加需要做到"开源节流"。所谓"开源",就是要求我们大力加强发电厂以及各种新型电源的建设,要完善供电网络,提高供电能力。所谓"节流",就是要求我们必须加强用电的科学管理,采取技术上可行、经济上合理的节电措施,减少电能的直接和间接损耗,提高电能的使用效率,以缓解电力供应的阶段性不足,避免电能的不合理使用问题。

　　为了全面地掌握电能使用状况,需要进行电能平衡测试。电能平衡是通过普查、统计、测试、计算等手段,掌握主要用电设备的使用效率、电能利用率和企业用电系统的电能利用率。在目前阶段,电能平衡测试主要是针对国内的用电企业。开展企业电能平衡测试工作,就是全面而系统地摸清企业的电力、电量消耗总量、构成、分布、流向、用电设备的状况和电能利用率。这是加强能源科学管理、制订节电规划、确定节能方案和提高能源合理利用水平的重要基础。

　　那么,什么是电能平衡呢? 所谓电能平衡,就是在确定的用电体系内,对界外供给的电能在该用电体系内的输送、转换、分布、流向进行考察及测定、分析和研究后,建立供给电量和消耗电量之间的平衡关系。能量守恒定律是电能平衡的理论基础。电能平衡，就是电能"收入"与"支出"的平衡。所以说，电能平衡是能量的平衡而不是功率的平衡。

企业电能平衡测试是在企业正常生产情况下进行的，它反映的不一定是企业用电设备的额定效率，却能够准确反映实际运行状况时的使用效率。电能平衡可以取用某一代表日、某正常生产月、某正常生产季度或某一年的用电量来进行平衡，一般企业电能平衡的时间取年为单位。

那么，如何进行电能平衡测试呢？概括地说，在一次电能平衡测试中，首先需要在一个或多个周期内利用测量仪器检测仪器、设备的用电负荷情况；然后，依据测得数据，根据相关参数进行计算；最后，需要对电能平衡测算方法统一口径，按照企业电能平衡测试的标准进行计算和测评。在实际的电能平衡测试工作中，对于不同的测评对象，其电能平衡有不同的要求和评价标准。为了规范用电，科学地管理和使用能源，分析企业电能损耗偏高的原因，找出降低损耗的方法，节约能源，电能平衡测试是必不可少的项目。

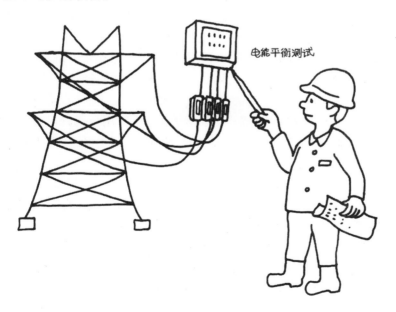

电能平衡测试

用电负荷调整

在电力系统中，各类用户的用电情况不尽相同，但总体来说，呈现为高峰时期用电紧张，低谷时期用电宽裕的趋势。

用电负荷调整，即根据电力系统运行的实际情况，按照各类用户不同的用电规律，合理地安排用电时间，把用电高峰"分散"开，使一部分高峰时间的负荷转移到低谷时间使用，达到"削峰填谷"的目的，缓解用电紧张的局面，同时使得电力系统能够更加平稳地运行。

用电负荷调整的意义，就是通过用电负荷调整，充分发挥发电、供电和用电设备的潜力，节约电力建设投资，最大限度地满足国民经济发展的用电需要。

用电负荷调整是电力系统负荷管理的一项主要内容。由于电能生产有发电、供电、用电瞬间同时完成却又不能大量储存的特点，理论上要求供电量与用电量保持时时平衡的状态。但是，各类用电负荷的用电特性并不完全相同，再加上人类社会的生产生活有其固有的规律，便形成了电力系统用电的高峰和低谷现象，而发电机组又不能在短时间内频繁地停止或启动，于是便出现了用电高峰时供电紧缺、用电低谷时供电有余的现象，导致电力资源得不到有效的利用。为了取得综合的经济效益，最大限度地节约用电，在电力系统的合理调度、发电厂的及时调整下，需要用户调整用电负荷，降低对电力系统用电高峰时段的需求，增加电力系统低谷时段的消费，促使用电负荷曲线趋向平坦。

用电负荷调整措施具体可以分为：削峰填谷、移峰填谷。调整用电负荷的方法有经济手段、技术手段和行政手段。经济手段就是通过电价机制来激励用户改变用电时间和用电需求。用户从转移用电负荷中获得减少电费支出的好处，电力企业则通过均衡发电和供电来提高电网的经济运行性，并从中获得效益。除了我们熟知的峰谷分时电价方法外，还能激励用户改变用电时间和用电需求的电价销售方式还包括季节性电价、丰水枯水期电价、节假日电价、可停电电价、蓄热（冷）电价、负荷率电价等。利用经济手段来调整用电负荷是世界各国普遍采用的办法。而所谓的技术手段主要是配合经济手段的需要，利用新型的用电器具或控制装置来减少用电需求或转移其用电时间。所谓行政手段则是在电力供需矛盾尖锐的时期，用行政命令或是通过立法来干预电力的分配与使用。计划分配用电是在电力供应不足时期常用的一种行政手段。有些国家在出现缺电状况时，就通过立法来控制某类用电器具或某类企业的用电时间或需求量，以调整电力供应的不足。

为了实现电力供需的平衡，电力系统要贯彻调整发电出力与调整用电负荷相结合的原则，做到高峰时段多发电，低谷时段少发电。用电负荷调整除了可采用传统的诸如电价鼓励激励手段、储蓄电力"削峰填谷"等措施之外，还可探索更多有效的负荷调整措施，以达到发电、供电和用电之间的平衡和稳定。

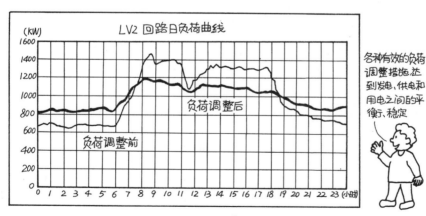

各种有效的负荷调整措施达到发电、供电和用电之间的平衡、稳定

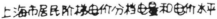

上海市居民阶梯电价分档电量和电价水平

 新型能源开发

太 阳 能

太阳能及其资源分布

太阳能也称为太阳辐射能,是指太阳以电磁辐射形式向宇宙空间辐射的能量。太阳能的来源是核聚变,太阳每时每刻都在进行着剧烈的核聚变反应,核聚变反应产生的巨大能量以电磁辐射的方式释放到宇宙空间中,其中约二十二亿分之一的辐射能量到达地球大气层,成为地球上光和热的源泉。人类使用的能量绝大部分都直接或间接来自于太阳。植物通过光合作用把太阳能转化成化学能贮存下来,并在生态系统中流动。

人类使用的化石能源煤炭、石油、天然气也来源于太阳。煤炭、石油和天然气是古代的动植物由于地质运动被埋藏于地下,经过复杂而漫长的生物化学和物理化学变化而逐渐形成的。它们的实质是古代生物固定下来的太阳能。此外,地球上许多能量,如风能、水能,也都来源于太阳能。

人们用太阳辐射通量来表示太阳能辐射的强度,太阳辐射通量是指单位面积、单位时间内所获得的太阳辐射能,单位为瓦/平方米(W/m^2)。地球上的太阳能辐射强度与日地距离有关,由于地球绕太阳的轨道是椭圆形的,所以在一年中的不同时间里,地球上的太阳辐射强度有较小的差别。人们为了方便描述地球大气层上方的太阳辐射强度,把日地距离称为平均日地距离时,在地球大气层上界垂直于太阳辐射表面上的太阳辐射通量称为太阳常数。目前,世界上公认为1353瓦/平方米。

中国太阳能资源最丰富的地方是西藏西部,居世界第二位。

按照太阳能总辐射量的大小,可以把全国划分为五类地区。

地区分类	辐射总量	覆盖地区
一类地区（太阳能资源最丰富地区）	年太阳能辐射总量 6680～8400 兆焦/平方米，相当于 225～285 千克标准煤燃烧所放出的热量	宁夏北部、甘肃北部、新疆东部、青海西部和西藏西部等地区
二类地区（太阳能资源较丰富地区）	年太阳能辐射总量 5850～6680 兆焦/平方米，相当于 200～225 千克标准煤燃烧所放出的热量	河北西北部、山西北部、内蒙古南部、宁夏南部、甘肃中部、青海东部、西藏东南部和新疆南部等地区
三类地区（太阳能资源中等丰富地区）	年太阳能辐射总量 5000～5850 兆焦/平方米，相当于 170～200 千克标准煤燃烧所放出的热量	山东、河南、河北东南部、山西南部、新疆北部、吉林、辽宁、云南、陕西北部、甘肃东南部、广东南部、福建南部、江苏北部、安徽北部、台湾西南部等地区
四类地区（太阳能资源较缺乏地区）	年太阳能辐射总量 4200～5000 兆焦/平方米，相当于 140～170 千克标准煤燃烧所放出的热量	湖南、湖北、广西、江西、浙江、福建北部、广东北部、陕西南部、江苏北部、安徽南部以及黑龙江、台湾东北部等地区
五类地区（太阳能资源最少的地区）	年太阳能辐射总量 3350～4200 兆焦/平方米，相当于 115～140 千克标准煤燃烧所放出的热量	四川、贵州

我国太阳能资源西强东弱

太阳能利用的方式

太阳能不仅是一种清洁的、极具发展潜力的、可再生的能源，而且它还是人类赖以生存的基础。人类对太阳能的利用由来已久，但在很长一段时间里只是停留在利用植物通过光合作用固定下来的太阳能上。随着化石能源的枯竭和环境污染的加重，太阳能因其资源丰富、能量巨大、对环境无污染等优良特性，引起了人们的关注。因此，开发和如何利用高效的太阳能，以此解决人类面临的能源、环境危机，就成为了人们的一项重要任务。

太阳能的利用方式主要有 3 种：光热利用、光电利用和光化利用。

光热利用是将太阳辐射能收集起来，将太阳能转换为热能。比如太阳能热水器、太阳能锅等。将太阳能收集起来的装置主要有平板型集热器、真空管集热器和聚焦集热器 3 种。根据能够达到的温度和使用途径的不同，可以将光热利用分为低温、中温和高温利用。低温利用是指集热温度低于 200 ℃ 的利用方式，主要有太阳能热水器、太阳能干燥器、太阳能蒸馏器、太阳房、太阳能温室、太阳能空调制冷系统等；中温利用是指集热温度高于 200 ℃ 低于 800 ℃ 的利用方式，主要有太阳灶、太阳能热发电集热装置等；高温利用是指集热温度高于 800 ℃ 的利用方式，主要有高温太阳炉等。

光电利用目前主要有两种方式：一种是太阳能集热发电，这种方式是通过光—热—电转换先将太阳能转换成热能，再利用热能来发电。另一种是太阳能光伏发电，它是通过光—电转换直接将太阳能转换成电能。前一种操作简单、容易实现、转换效率较低，而后一种利用形式转换效率高、技术复杂、难以实现。光伏发电利用的是太阳能半导体材料的光生伏打效应。

光化利用是通过光—化学转换，利用太阳能电解水生成氢气。光化利用包括太阳能热分解水制氢、太阳能发电电解水制氢、光催化光解水制氢、太阳能生物制氢等。光化利用的基本形式有植物的光合作用和利用物质化学能贮存太阳能的光化学反应。植物通过叶绿体中的叶绿素把太阳能转化为自身新陈代谢所需的化学能,通过这一原理我们可以使太阳能通过人工叶绿素转换为稳定的化学能,再将化学能转换为我们日常所需的供热、供电等。

目前,人类对太阳能的直接利用还处于初级阶段,现在的技术仍然存在很多不足,这也是限制太阳能利用的进一步发展和太阳能大规模、大范围直接利用的重要原因。中国是世界上太阳能热水器生产量和使用量最大的国家,太阳能热水器已经走进千家万户,在医院、学校等公共场所也正在被大量使用。目前,中国是重要的太阳能光伏电池生产国,我国政府正在积极推进光伏发电厂的建设,因此像太阳能路灯等新型节能产品在较发达地区得到了推广和使用。相较而言,光化利用的技术还不够成熟,世界各国正在积极探索和研究光化转换的新技术。

利用太阳能,可以解决人类的能源、环境危机

❦ 太阳能的光热转换

太阳能光热转换是指通过反射、吸收或其他方式把太阳辐射能集中起来后把太阳能转换成热能,当达到一定高的温度后再加以利用,太阳能光热转换所涉及的技术较为简单,成本较低。因此无论是从技术上还是从经济上来分析,太阳能光热转换都具有很大的优势。太阳能光热转换也是太阳能利用中最基本、最重要的一种利用方式。目前,我国是世界上最大的太阳能热水器生产国,同时也是最大的太阳能热水器市场。由于近几年来,我国光伏产业在海外市场频频受阻,光伏产业受到了前所未有的挑战和危机,因此发展国内光伏市场成为了必然。随着我国多项政策的密集出台,作为我国光伏市场中主要成员——太阳能热水器,迎来了前所未有的发展机遇,具有十分广泛的发展前景,因此发展太阳能的光热转换技术具有重要的战略意义。太阳能光热转换的方式较多,如太阳能热水器、太阳灶、太阳房、太阳能温室等,其中应用最为广泛的是太阳能热水器。太阳能光热转换的太阳能利用效率,主要受到太阳能辐射的收集效率和将收集到的太阳辐射能转换成热能的效率两方面的影响。

下面,我们简单介绍太阳能热水器中的太阳能光热转换过程。

家庭用太阳能热水器主要由水箱、集热器和支架等附加部件组成。光热转换过程在集热器上进行。集热器主要有平板型集热器和玻璃真空管太阳能集热器两种。平板型集热器是指采光面积等于集热面积的集热装置。典型的平板型集热器由透明盖板、集热体、隔热层和壳体组成。集热体有着将太阳能转换成热能,并将热能传给工作介质的功能,是集热装置的核心部件。集热体有较高的太阳辐射吸收率、较低的热放射率,可以较多地吸收太阳能并减少热量的损失。集热体还有较优良的传热性能,可以较好地将集热体吸收太阳能后产生的热能传递给工作介质。平板型集热器在导热介质下有一层保温层,保温层绝热性能较好,能减少热量的损失。阳光透过透明盖板照射在集热体上,大部分的太阳辐射能被集热体吸收并转换成热能,使得集热体的温度升高。从集热器下方流进的冷水在循环管道中流动时吸收集热体的热量,水温逐渐升高,集热体温度下降。在阳光的照射下,集热体温度恢复,低温的水再次流过,带走热量。经过无数次反复地循环,最终将太阳能转换为热能,并储存在热水水箱中。由于集热器温度升高后也会同时向外界放出热量,因此最终循环水达到一定温度后,水温将不再增加。玻璃真空管集热器的基本元件是真空管。真空管由内外两层玻璃管构成,内外两层玻璃管中间是真空的。内管外表面有吸热涂层,内表面与水接触,进行热交换。由于真空管内外玻璃管之间是真空的,内管外表面的吸热涂层化学性能较为稳定,使用寿命较长。而且,真空层也减少了热量的损失,保温效果也较平板型集热器好,太阳能热效率更高。

太阳能电池

太阳能光电利用是解决能源危机的重要措施,作为光电转换过程中的核心部件是太阳能电池。太阳能电池是指将太阳辐射能直接转换成电能的器件。目前的太阳能电池主要是运用半导体材料的光生伏特效应。太阳光照在半导体光电二极管上,光电二极管会把太阳的光能转换为电能,从而产生电流。

太阳能电池的分类多种多样。按照结晶状态分类,可以把太阳能电池分为结晶系薄膜式和非结晶系薄膜式两大类;按照使用材料分类,又可以把太阳能电池分为硅太阳能电池、多元化合物薄膜太阳能电池、聚合物多层修饰电极型太阳能电池、纳米晶太阳能电池、有机太阳能电池、塑料太阳能电池。其中,硅太阳能电池在目前的应用是最为广泛的。

硅太阳能电池分为单晶硅太阳能电池、多晶硅薄膜太阳能电池和非晶硅薄膜太阳能电池。单晶硅太阳能电池是转换效率最高、使用技术最为成熟的一种,不过,单晶硅太阳能电池的成本较高。多晶硅薄膜太阳能电池转换效率较单晶硅太阳能电池要低,但其成本比单晶硅太阳能电池低,因此具有较大的发展潜力。非晶硅薄膜太阳能电池具有成本低、重量轻、转换效率较高,而且大规模生产方便等优点,但是,由于其材料的稳定性较硅材料要低,会引发光电效率衰退而造成太阳能电池不够稳定。因此,非晶硅薄膜太阳能电池在实际应用中是比较少的。

多晶硅薄膜电池有硫化镉薄膜电池、碲化镉多晶薄膜电池、砷化镓Ⅲ-Ⅴ化合物电池、铜铟硒薄膜电池等。其中,硫化镉薄膜电池、碲化镉多晶薄膜电池的转换效率比非晶硅薄膜电池的转换效率高,成本比单晶硅电池低,而且容易大规模生产。不过,镉有剧毒,对环境污染较大。砷化镓Ⅲ-Ⅴ化合物电池效率高、抗辐射能力强、温度影响小,但其电池材料的价格昂贵,导致电池经济性较差。铜铟硒薄膜电池转换效率与多晶硅太阳能电池相近,价格低廉、性能较好,也不存在光衰退问题,但铟、硒材料很稀少。

人们对有机聚合物电池的研究还刚刚开始,其研究目的是要尝试将太阳能电池中的无机材料替换成有机聚合物。有机材料柔性好、容易制造、材料来源广泛、成本低,但是,有机物的稳定性较无机物要差很多,因此有机聚合物电池的研究也将面临很大的困难。如果能使有机聚合物电池有较强的实用性,那么降低太阳能的发电成本,大规模地利用太阳能发电将会进一步得到实现。

太阳能电池的发展对于大规模利用太阳能发电,解决目前的能源和环境问题具有十分重要的意义。我国政府对太阳能电池的研究工作高度重视,加大投资力度,积极支持太阳能电池的研究及其应用。但在目前,太阳能电池的成本还很高,这就限制了太阳能的大规模光电利用。

太阳能电池的发展对于大规模利用太阳能发电,解决能源、环境问题具有重要的意义

太阳能发电系统及其工作原理

太阳能电池在太阳光的照射下会产生电流,并且将太阳能转换成电能。如果要大规模地利用太阳能发电,并将电能提供给家庭、工厂使用,目前仍然存在一些问题。太阳能光伏发电产生的电流是直流电,而我们家庭中绝大多数的家用电器都只能在220伏的交流电的供电下才能正常工作,因此,太阳能光伏发电产生的电能并不能直接供给家庭和企业使用,只有经过一定的转换,才能使太阳能光伏发电产生的电能在生产和生活中得到实际的利用。目前的太阳能发电还有一个巨大的缺陷,那就是太阳能发电受天气的影响很大。当阴雨天时,太阳能发电厂只能产生很少的电量,而且太阳能辐射早晚较弱、正午较强。即使是在正午时分,太阳能电池板所接收到的太阳辐射也会受到大气云层的影响,这些外界因素都会使得太阳能发电有着很大的不稳定性,给太阳能的实际利用带来很大的不便。家庭、工厂使用的电器只有在稳定的电压下才能正常工作,在变化较大的电压范围内工作,会损坏家用电器,甚至会引发一些安全事故。工厂里运转的机器也不能因为一朵云遮住了发电厂的阳光而停止运转。因此,要将太阳能发电应用到实际中,就必需解决这些问题。

解决太阳能发电所面临的直流电变交流电、发电不稳定以及储能等问题,使太阳能发电从理论走向实际应用,从实验室的小规模应用发展到实际的大规模应用的整套系统,称为太阳能发电系统。太阳能发电系统的原理是利用逆变器将太阳能电池板中产生的直流电转换成交流电,再使用控制器进行调控,以保证太阳能发电厂向外界提供稳定的电量、电压。另外,可以使用蓄电池完成储放能量的工作。

太阳能发电系统由太阳能电池、太阳能控制器、蓄电池和逆变器组成。太阳能电池是整个系统中的核心部分,它担负着将太阳能转换为电能的任务,发电厂的电能就是从这里产生的。

太阳能发电厂的规模大小取决于太阳能电池能够转换多少太阳能。控制器控制着整个系统的工作,保证系统平稳、安全地运转,对蓄电池进行过充电、过放电保护。控制器根据实际应用环境的差异还会添加上其他一些附加功能,如温度补偿功能、光控开关、时控开关等。蓄电池的作用主要是将白天光照较强时产生的过多的电能储存起来,到了夜晚或阴雨天光照较弱的时候,又将储存的电能释放出来,以提高太阳能发电厂的稳定性。逆变器的作用是将太阳能电池板产生的直流电转换成 220 伏的交流电,以便供给社会生产和生活使用。

太阳能发电系统有独立发电系统和并网发电系统两种。独立发电系统又称为离网发电系统。独立发电系统主要是在较小区域内单独使用,比如在电网未到达的地区以及较为偏僻的地区以家庭为单位使用。并网发电系统将太阳能产生的电能输送到公共电网,由电网统一调配,向用户供电。

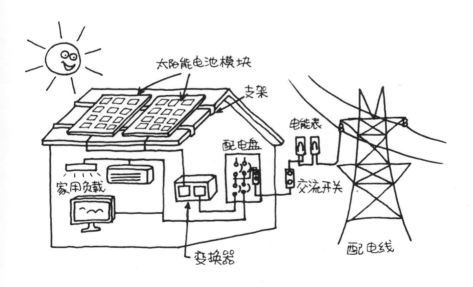

风　　能

风能及风力资源的分布

风是我们日常生活中最常见的自然现象之一。流动的空气即是风，形成风的直接原因是水平气压分布不均，根本原因是太阳的辐射造成地球表面受热不均。风的形式多种多样，有"和煦的春风"、"飒爽的秋风"、"可怕的台风"、"恐怖的飓风"……这些都是风在不同时间、不同地点、不同环境条件下的表现形式。风，作为一种可再生的清洁能源，在能源问题日益突出的今天，越来越受到人们的重视。

我国拥有约 960 万平方千米的陆地面积和 300 万平方千米的海洋面积。因此，我国的幅员辽阔，风能资源储量也十分丰富。从河西走廊到东南沿海，从西北大漠到东海之滨，无不蕴含着可观的风能。据统计，我国可开发的风能资源约为 7 亿～12 亿千瓦，其中陆地占 6 亿～10 亿千瓦，海洋占 1 亿～2 亿千瓦。到目前为止，得到开发的风能主要还是在陆地上，而未被充分开发的海上风能仍具有巨大的发展潜能。

风能资源的分布与气候因素有着很大的关系。我国地处亚欧大陆东部，濒临太平洋，境内又有很多山系，纵横交错，地形非常复杂。复杂的地理条件造就了我国复杂的季风变化。冬季风主要来自于西伯利亚和蒙古高原，寒冷干燥的西北风每年都会席卷我国北方各地。夏季风则主要来自于太平洋的东南风、印度洋和南海的西南风，影响着我国东南大部分地区。我国风力资源比较丰富的地区主要集中在东北、华北和西北，以及东南沿海及其岛屿。

一般来讲,风电场的好坏可以根据年平均风速来评价。大体分为三类:年平均风速达 6 米/秒为较好;年平均风速达 7 米/秒为好;年平均风速达 8 米/秒为很好。

我国东南沿海及其附近的岛屿地区,有效风能密度大于或等于 200 瓦/平方米,沿岛有效风能密度在 300 瓦/平方米以上,全年中有 7000～8000 小时的风速大于或等于 3 米/秒,约有 4000 小时的风速大于或等于 6 米/秒。

总而言之,我国的风力资源比较丰富,因此,政府部门对风能的发展和规划也列入了国家的政策法规中。作为一种清洁的可再生能源,风能具有极大的发展前景。

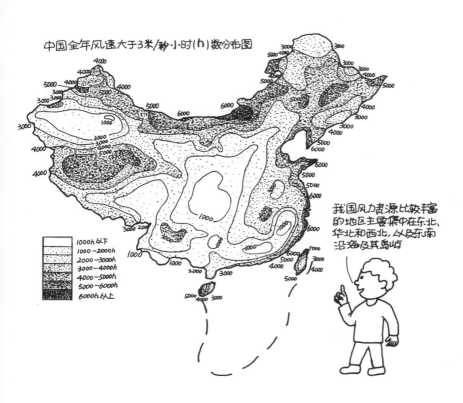

中国全年风速大于3米/秒·小时(h)数分布图

1000h以下
1000—2000h
2000—3000h
3000—4000h
4000—5000h
5000—6000h
6000h以上

我国风力资源比较丰富的地区主要集中在东北、华北和西北,以及东南沿海及其岛屿

169

风能利用方式

人类利用风能的历史,已经有数千年之久。早期,人们只是利用风能直接作为动力来使用的。比如利用风能推动帆船航行、带动风车磨面,还有利用风能排水、灌溉等等,这些都是对风能最直接的应用。在古代,风能的利用主要集中在农业生产和交通运输这两方面。而在今天,风力发电已经脱颖而出,成为风能利用最主要的方式。

帆船的出现,是人类在交通运输行业利用风能的开端。我国是最早发明并使用帆船的国家之一。最早的帆船上使用的都是单帆,这种帆结构简单,容易制造,但是不能转动,且不利于控制,因此使用风能的效率自然十分低下。后来,帆船开始使用纵帆,纵帆并不是固定的,它可以改变角度,以适应不同的风向,这样一来,帆和风的接触面积可以通过人为操作来控制。于是,帆船的灵活性大大提高。随着人类科学技术的不断进步,造船工业迅速发展起来,人们制造出结构更复杂、操作起来更方便的帆船。帆船的出现,使得人类的航海活动得以拓展。人们驾驶着帆船,从内陆驶向近海,又从近海驶向更远的海洋。中国古代最辉煌的帆船时代无疑是明代,伟大的航海家郑和,在永乐三年(1405 年)至宣德八年(1433 年)的 28 年间,曾经七次率队远航,他们到达过西太平洋、印度洋的 30 多个国家和地区,对促进中国与世界各国的经济文化交流,作出了重大的贡献。郑和的船队中有 240 多艘海船,27000 多名船员,规模空前。他们所使用的航海技术也是当时世界上最先进的。在人类的航海史上,帆船的统治地位一直持续到工业革命时期,直到以蒸汽机和内燃机为动力的船舶出现之后,帆船才渐渐淡出历史舞台。

风车则是早期人类农业生产的好帮手。最早的风车主要用于农业排水和灌溉。风车通过风轮将风能转换为机械能,为人们所用。我国明代的科学著作《天工开物》中有对风车的详细记载:"扬郡以风帆数扇,俟风转车,风息则止。"12 世纪,风车由中东传入欧洲,并且在荷兰得到了广泛的应用。这个海拔高度低于海平面的国家,全靠风车排水才得以建设发展至今。后来,风车不仅仅作为生产工具,更成为了荷兰国家的标志和文化的象征。

如今,风力发电已经成为人类利用风能最主要的方式。风能储量丰富,清洁又无污染,作为有效利用风能的方式,风力发电的潜力十分巨大。风力发电所需要的装置称为风力发电机组,通过风力发电机组,可以把风能转化成机械能,再将机械能进一步转化成人们所需要的电能。风力发电的发展史可以追溯到 19 世纪末,最初的风力发电机的叶轮是由木片制成的,它发出的电力存储在蓄电池中,其功率很低,效率也不高。随着科学技术的不断进步,风力发电技术渐渐成熟。如今,虽然风力发电成本较传统煤炭发电成本高,但是从长远来看,风力发电会由于它装机容量的越来越大、发电效率的越来越高而使得它的发电成本越来越低,而煤炭发电会由于煤炭资源的越来越少而使得它的发电成本越来越高。因此,风力发电的应用前景十分广阔。

✎ 风机的结构

风力发电机,简称风机,是把风能转换为机械能的装置。风机的结构主要有风轮、机身和塔架。

风机中最主要的部件是在风力作用下旋转的风轮。为了减小阻力,风轮的截面通常呈流线型,风轮的表面是十分光滑的。根据风轮的结构及其在气流中的位置,风机可以分成两种:水平轴风机和垂直轴风机。这两种风机各有各的优缺点。

水平轴风机的转动轴与地面平行,叶轮需随风向变化来不断调整位置。水平轴风机需要安装在几十米高的塔架上,优势在于位置高,接受到的风速更快,风向变化更小,功率系数较高;缺点在于噪声大,对材料强度的要求高。

机身是用来承载风轮的结构的,同时,也能够绕塔架的垂直轴自由转动。不同功能和用途的风机,其机身的结构差别很大。一般情况下,风机上的风轮转速较低,而发电机正常工作要求的转速较高,如何解决这一矛盾?答案就在风机的机身中。风能通过机身中的调速器、低速轴、齿轮箱、高速轴等复杂结构,就能够将风轮的转速提高到发电机所需要的工作转速。为了适应多变的风向,机身的尾部通常还装有转向装置,以便风向改变时,风轮也随之转向,由此大大提高风机的工作效率。

塔架主要是用来支撑风力发电机的重量,同时,还要承受风压以及风力发电机运行中的动载荷。塔架分为管柱形和桁架形。管柱形塔架可以根据不同的使用场合和使用要求,由木材、钢材或混凝土制成。为了增强抗弯矩能力,小型管柱形塔架可以用拉线来增加其强度。中型、大型的管柱形塔架常常在生产制造的时候被分成几段,以便于运输和安装。管柱形塔架对风的阻力较小,因此产生的紊流也小。桁架形塔架常用于中小型风机上,其优点是造价低,运输方便,缺点是会产生很大的紊流。

另一种常见的风机是垂直轴风机。垂直轴风机的转动轴与地面垂直,叶轮不必随风向改变而调整方向。垂直轴风机不需要塔身,它的优势在于设计比较简单,成本低,稳定性高,容易维护;缺点在于功率系数低,波动大。依据目前的技术水平,只适合建造小功率风机。

风机是多种机械的原动机,根据用途的不同,可以进行多种分类。利用风机带动水车就称为风力提水机;利用风机带动磨面机,就称为风力磨面机;利用风机带动发电机,就成为风力发电机了。

近年来,随着全球风机装机行业的高速发展,风机零部件生产与供应比较紧张,同时也影响了整机厂商对风电厂的供应。目前我国对发电机和叶片的生产不仅能满足国内风电厂的需求,而且在国外市场占有一定的比例。但是我国在另外一些关键零部件(主轴承、齿轮箱等)上缺乏技术、研发滞后,不能满足国内外需求,这也成为了我国发展风电产业的瓶颈。相对于一台风电机组而言,其关键部位主要包括发电机、齿轮箱、叶片等,因此对发电机的研发具有重要的战略意义。

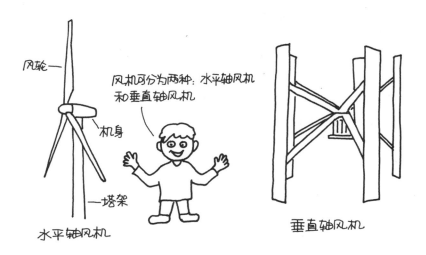

风轮

风机可分为两种:水平轴风机和垂直轴风机

机身

塔架

水平轴风机

垂直轴风机

❧ 风力发电系统及其工作原理

风力发电系统通常由风轮、传动装置、迎风装置、控制装置、发电装置等构成。

风轮：风轮是将风能转化为机械能的装置。风轮一般由叶片、轮毂等组成。叶片是风力发电机的关键结构。叶片的外形、结构、尺寸、数量等，会直接影响叶片的旋转，进而影响风力发电机的性能和功率。风轮通常有 2 片或 3 片叶片，3 片叶片的风轮通常能够提供最佳的效率，其受力更均衡，轮毂结构简单；2 叶片的风轮转速更快，相应的噪声也更大。风轮叶片材料的选择也很重要，而且材料的强度和刚度对风力发电机的性能都有一定的影响。

传动装置：传动装置可以将风轮轴的机械能传递到发电机上。传动装置中最重要的部分是齿轮箱。在叶轮转速比较低的情况下，齿轮箱可以增速，使发电机能够更为平稳而有效地工作。

迎风装置：自然界的风是千变万化的，风速和风向都会由于各种各样的原因而不断发生变化。因此，必需保证风轮的旋转面能够时时刻刻正对风向，这样才能更加有效地利用风能，而迎风装置所起到的就是这个作用。迎风装置的工作原理是这样的：当风向变化时，位于风轮后面的舵轮旋转，并通过一套复杂的齿轮传动系统使风轮偏转，当风轮正对风向后，舵轮停止旋转，迎风过程结束。

控制装置：控制装置是风力发电机的大脑。由于风能的随机性，必须有一套控制系统能够根据风速和风向的变化，对风力发电机进行实时控制，以保证风力发电系统的安全稳定运行。目前，无人值守的智能化控制系统的应用已经十分广泛。

发电装置：发电装置是风力发电机组的重要组成部分。以前的小型风力发电机曾经使用直流发电机，由于直流发电机的结构复杂、不易维修，因此已被交流发电机逐步取代。目前，使用最广泛的有同步发电机和异步发电机两种。

　　风力发电系统的运行方式可分为独立运行和并网运行。独立运行的风力发电机把输出的电能存储在蓄电池里,需要的时候供用户使用。独立运行的风力发电机的功率一般比较小,适合边远地区的农村、海岛,以及灯塔、气象站等使用。并网运行的风力发电机组往往能将其发出的电能直接输送至电网。

　　大型风力发电机通常采取并网运行方式,并网运行又可分成两种:即恒速恒频系统和变速恒频系统。采用恒速恒频方式运行的风力发电机组的转速不随风速的波动而变化,能够输出恒定频率的交流电。其优点是简单且可靠,缺点是对风能的利用效率较低。采用变速恒频方式运行的风力发电机组的转速随风速的波动而变化,但仍能输出恒定频率的交流电。其优点是风能利用效率较高,缺点是所需的电子电力设备比较复杂。

　　风能的随机性和不稳定性一直是制约风力发电的主要障碍,因此风力发电往往需要配备复杂的储能系统。然而,随着电网技术的不断进步,风力发电中的难题渐渐得到克服,风电的优势越来越明显。未来,风电技术将具有更加广阔的发展空间。

风力发电具有广阔的发展空间

生 物 质 能

生物质能利用概述

生物质是指生物直接或间接通过光合作用而形成的有机物质,主要包括植物、动物、微生物以及垃圾等,通过某些微生物可以被分解成水、二氧化碳以及热能。生物质能是以生物质为载体,把太阳能转化为化学能储藏在生物质中。生物质能是太阳能的一种存储形式。生物质能在植物的光合作用下,年复一年地不断积累,是一种取之不尽、用之不竭的可再生能源,可以被加工成固体、液体或气体燃料加以利用。每年通过太阳能转化成的生物质能,相当于每年全世界能源消耗总量的5～10倍。

利用生物质能可以降低人类对化石能源的依赖程度,同时,由于其使用过程产生的 CO_2 与植物生长过程中所吸收的 CO_2 气体在数量上保持平衡,从而实现了 CO_2 的近零排放。另外,生物质含硫量和含氮量都很低,是一种清洁燃料。生物质还有资源分布广、产量大的优势,而且便于就地利用。预计到 21 世纪中期,生物质能的利用将占全球总能耗的 10% 以上。然而,生物质也有其不足之处,主要表现在生物质在培育过程中会占用大量土地资源,且生物质的热值较低、水分含量较多。另外,由于生物质种类多、分布广,导致其收集、运输成本相应增加。因此,与化石燃料相比,生物质能目前还缺乏商业竞争力。

生物质能已经在世界各国得到较为广泛的利用。英国 Fibrowatt 电站每年直接燃烧 75 万吨家禽的粪便,其发电量足够 10 万户家庭使用,那些燃烧后的粪便还可以作为肥料被再次利用。到目前为止,丹麦已经建立起 130 多个秸秆发电厂,还把很多燃煤供热电厂改成燃烧生物质的热电联产项目,以充分利用当地的生物质资源;由于巴西和古巴都盛产甘蔗,通过燃烧甘蔗渣发电将具有很大的潜力,因此,两国政府十分重视利用甘蔗渣发电方面的技术开发工作。这一可再生能源,可以增强本国电力来源的多样性;德国糖业精炼公司投资 1.85 亿欧元建立了大型乙醇装置,他们以谷物为原料,每年生产出 26 万吨的生物乙醇燃料。在"十二五"期间,我国也制订了具体的战略目标:即到 2015 年,生物质发电装机将达到 1300 万千瓦,集中供电达到 300 万户,成型燃料年利用量达到 2000 万吨,生物燃料乙醇的年利用量达到 300 万吨,生物柴油年利用量达到 150 万吨。据专家预测,到 2015 年,全国各类生物质利用总量至少超过 4000 万吨标准煤。特别是近年来,我国二氧化碳排放量已超过美国跃居全球第一,面对国际减排压力巨大,作为新能源重要成员中一员的生物质能,对降低我国二氧化碳排放量具有极其重要的作用。

生物质能的热化学转化

生物质能热化学转化是指通过高温化学反应手段,将其转换成气体、液体或固体燃料,主要有气化、热解、直接液化3种技术手段。

生物质气化技术是指固态生物质原料在高温下部分氧化的转化过程。生物质气化是以生物质为原料,以氧气、水蒸气或氢气作为气化介质,通过高温条件下的化学反应,将生物质可燃部分转化成小分子可燃气体的过程。由于使用的气化剂不同,因此得到的气体燃料也不同,主要包括 CO、CH_4 和 H_2 等合成气体,可以进一步提炼得到纯净的 CH_4 或者 H_2。转化后得到的气体燃料,除了用于供热外,还可以通过3种途径用于发电:作为燃料直接进入燃气锅炉生产蒸汽,再驱动蒸汽轮机发电;净化后的气体燃料送给燃气轮机燃烧发电;净化后的燃气送入内燃机直接发电。在发电和投资规模上,它们分别对应于大规模、中等规模和小规模的发电。生物质气化过程,包括生物质与 O_2、CO_2、H_2O 等的反应以及生物质的分解反应,可以分为 4 个过程:干燥、热解、氧化和还原过程。典型的气化工艺有干馏工艺、快速热解工艺和气体气化工艺。

生物质热解技术是指生物质在少量氧气或者无氧环境下,通过热化学转换而生成高能量密度的木炭、液体生物油以及可燃气体的过程。3 种产物的比例取决于热解工艺和反应条件,比如温度、加热速度、活性气体等。一般来讲,低温慢速热解(500 ℃以下),产物主要以木炭为主;高温闪速热解(700～1100 ℃),产物以可燃气体为主;中温快速热解(500～700 ℃),产物以生物原油为主,主要包括醚、酯、醛、酮、酚、醇以及有机酸的混合物,这些混合物在常温下具有一定的稳定性。生物质经过中温快速热解后转化成液体生物油,能量密度大大提高、便于输送和使用,也可以直接作为内燃机燃料。

生物质直接液化技术是指生物质放在高压设备中(一般 5～

20兆帕),添加一定的催化剂,在一定的工艺条件下反应制成液化油。这样产生的液化油稳定性较高,需要进行重整过程使其转化为可利用的碳氢化合物。与热解技术相比,直接液化技术可以产生物理化学性能更为稳定的液体燃料。

　　生物质能的热化学转化技术是生物质能利用的主要形式,通过上述3种技术手段可将热值低的、低品位的生物质能转化为可燃烧的、高品位的木炭、焦油和可燃气体等。可通过使用生物质热化学转化技术的生物质原料极其广泛,主要包括农林废弃物、城市生活垃圾等。

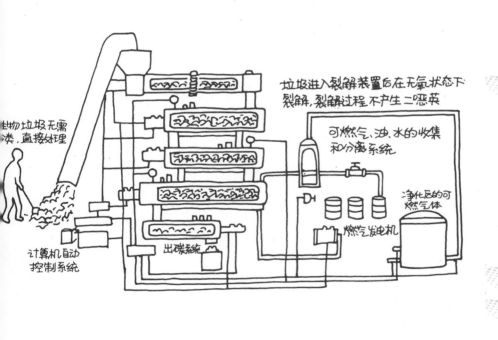

生物质能的生物化学转化

生物质能的生物化学转化技术是指通过微生物发酵方法将生物质能转变成气体燃料和液体燃料，是生物质能转换利用的重要方式之一。通常厌氧发酵条件下得到的气体燃料为沼气，产生的液体燃料为乙醇。目前沼气的用途不仅仅局限于生活燃料，还可以根据其抑制微生物生长的特点进行水果保鲜，根据增温特性应用于大棚种植等。通过生物质发酵得到的乙醇燃料，可以直接用于交通工具，乙醇燃烧后产生的 CO_2 气体，重新经过光合作用被植物吸收，可以形成生物质的良性循环。除作为燃料以外，乙醇还可以大量应用于化工、医疗等行业。由于生物化学转化技术对环境的破坏程度很小，因而在能源利用转化方面该技术有良好的发展前景。

气体沼气燃料的生产分为液化、酸化和气化 3 个阶段。各种有机生物质，如秸秆、垃圾等都可以作为生产沼气的原料，这些大分子碳水化合物通过酶解作用分解成可溶于水的单糖、双糖、肽、氨基酸、甘油和脂肪酸等小分子化合物。之后，这些小分子化合物与微生物进行生物化学反应，小分子化合物转化成以乙酸为主的挥发性有机酸；随后，有机酸和氨等被微生物分解成沼气，其主要成分是 CH_4 和 CO_2。

乙醇燃料可以通过粮食发酵方法获得，也可以利用秸秆等纤维素物质通过水解的方法获得。在欧洲，人们从小麦、燕麦等粮食作物的果实中获取乙醇。巴西是利用木薯和甘蔗等廉价生物质资源来生产汽车用乙醇燃料。美国则是以玉米为主要燃料来制取乙醇。另外，还可以利用含纤维素的生物质来生产乙醇燃料。由于富含纤维素的生物质资源非常丰富，不会占用耕地，因此具有很大的利用价值。在利用富含纤维素的生物质制备乙醇燃料的过程中，需要利用生物技术将纤维素、半纤维素先水解成单糖，再经过糖发酵后得到乙醇。不过，此方法的技术难度较大。

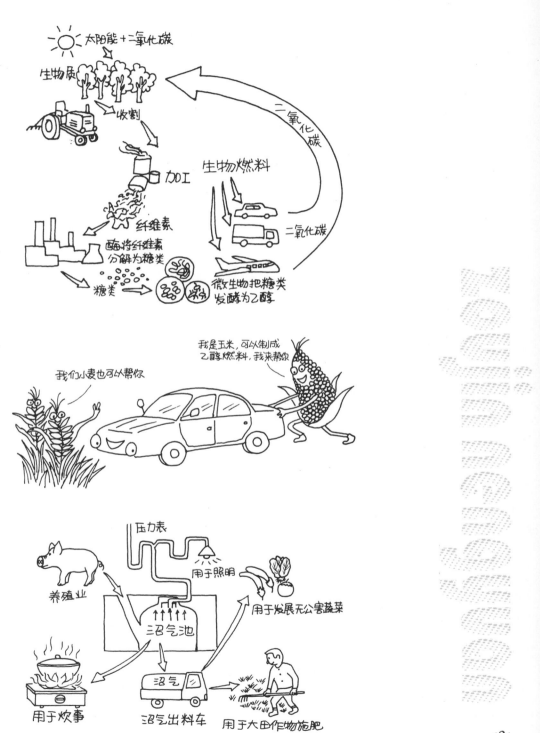

地　热　能

🕊 地热资源

　　地球上除了煤、石油、天然气等常规化石能源之外，还蕴藏着储量十分丰富的地热资源。地球是一个赤道鼓起（半径 6378 千米），两极略微扁平（半径 6357 千米）的椭球体。从地球表面到地心，依次分为地壳、地幔、地核三部分。根据科学家的研究发现，地球内部温度是随着深度的增加而升高的。一般而言，深度每增加 1 千米，温度就升高 25～30 ℃。据地质学家推算，地心温度在 4000～5000 ℃，也有一些地质学家认为，地心温度可能高达 6000～8000 ℃。

　　那么，地球内部的热能是从哪里来的呢？目前，人们几乎一致认为，地球内部的放射性元素衰变是地热的主要来源。自然界中具有放射性的元素很多，但起主导作用的主要是铀（U）、钍（Th）、^{40}钾（^{40}K）三种。其他热量来源还包括重力分异热、潮汐摩擦热、化学反应热等。虽然地球内部温度高达数千摄氏度，但地球表面温度却不那么高，这是因为地壳中有一层岩石圈。岩石是良好的绝热体，它阻挡了地球深处热量向地表的传递。

　　虽然地心的确切温度有待于进一步的研究，但地球内部蕴藏着巨大的热能却是目前科学家普遍的共识。据推算，地热资源约为 $1.4×10^{21}$ 焦/年，每天流出地表的地热能相当于人类一天所消耗能源的 2.5 倍。我国著名的地质学家李四光先生曾经说过："地球是个庞大的热库"。这里需要补充的是，真正能够被利用来发电的地热能只占其资源量的一小部分，大部分的地热能还是通过地表被散发到大气环境中了。

人们通常根据地热温度的不同,将温度高于 150 ℃ 的称为高温地热能,90～150 ℃ 的称为中温地热能,低于 90 ℃ 的称为低温地热能。

根据地热资源的存储状态,又可将地热能分为水热型地热能、地压型地热能、干热岩型地热能、岩浆型地热能:

(1) 水热型地热能:这种类型的地热能处于地球浅处,在地下 400～500 米处,它就是我们所见到的热水或水热蒸汽;

(2) 地压型地热能:它是位于某些大型沉积盆地深处的高温高压流体,并且含有大量的甲烷气体;

(3) 干热岩型地热能:它是由于某些特殊地质条件造成的高温少水或者无水的干热岩体,其开发难度较大,需人工注水后才能利用它的热能;

(4) 岩浆型地热能:它是位于高温熔岩浆体中的热能,开发难度最大,目前仅处于探索阶段。

水热型地热能有时又被称为蒸汽型地热能和热水型地热能,是目前正在开发利用的主要地热资源。

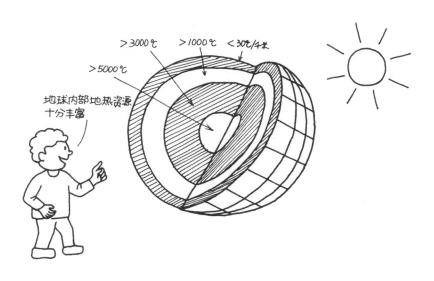

地热资源的评价

相比常规能源,地热能作为一种清洁、可再生能源越来越受到人们的关注。化石能源在燃烧过程中会排放出大量的温室气体、氮氧化物、硫氧化物和粉尘等大气污染物,对人体造成巨大的损伤。与化石能源相比,使用地热资源时释放的温室气体非常少。如果在开发地热资源时,将使用过的热水重新回灌到地下,就不会对环境造成污染和破坏。

与其他新能源相比,地热资源具有很多明显的优势。比如发电,太阳能发电会受限于晴天阴天、白天黑夜,风能发电会受限于风力大小,潮汐能发电会受限于潮涨潮落,而地热发电则能够全天候地正常运行,不受气候因素的影响。可见,地热能较其他新能源的稳定性更好,可以作为资源丰富地区的基础能源。

地热资源除了是一种清洁的、可再生的、稳定性好的能源外,它还具有一些自身的特点,例如具有分布广、成本低、易于开采及可直接利用等优点。分布广不仅表现在现有的可开采的地热资源上,而且还表现在那些蕴藏在地壳内,现阶段无法对它进行开采的地热资源上。当然地热资源也具有其自身的弱点,例如不合理的开采会使得地热资源枯竭、对环境造成重金属污染等。

有人认为,地热资源"取之不尽、用之不竭",这种观点其实是不科学的。事实上,常见的地热资源多以热水的形式存在,这些热水是经历了千百万年才被缓慢加热并储存起来的。由于地下水很难得到补充,抽取一点就将减少一点,所以地热资源也是会越用越少的。随着科学技术的进步,人们将使用过的热水回灌地下,使水资源得到循环利用,在一定程度上实现了地热资源的再生利用。总之,对地热资源的开发必须统筹规划、合理开采,绝对不能采取掠夺性的开采方式,否则会出现地热资源迅速枯竭、地下水位严重下降等现象,造成重大的环境问题。

在开发地热资源的同时,必须注意保护环境。从地底深处抽出的地热水中,往往含有多种矿物元素,其中包括对人体有害的汞、砷等重金属。如果任其排放,对环境的危害是相当大的。所以,必须采取回灌的方法,将使用后的地热水回灌到地下,这样做既能延长地热资源的使用年限,又避免了对环境的污染和破坏。

蕴藏量、可再生性、清洁性、发电稳定性比较

项目 能源类型	蕴藏量	可再生性	清洁性	发电稳定性
地热能	较小	可再生	清洁	稳定
化石能源	较大	不可再生	不清洁	稳定
风能、太阳能	很大	可再生	清洁	不稳定

综上所述,我们在充分享受地热资源带给人类方便和清洁之外,还要十分重视对地热资源的合理开采与利用。只有这样我们才能将地热资源的优势充分发挥出来,才能避免对环境的再度污染。

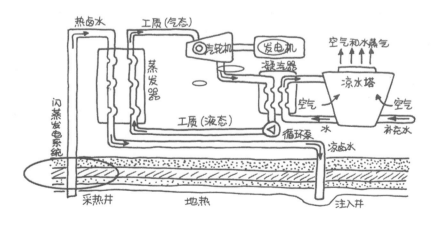

185

🌿 中国的地热资源

由于地质结构不同，地热资源的分布往往是不均匀的。就全球而言，地热资源主要分布在四条地热带上，它们分别是：环太平洋地热带、地中海—喜马拉雅地热带、大西洋中脊地热带、红海—亚丁湾—东非裂谷地热带。我国有多个地方处于地热带上，例如，台湾马槽位于环太平洋地热带上，西藏羊八井及云南腾冲地热田位于地中海—喜马拉雅地热带上，华北平原及东南沿海等地位于红海—亚丁湾—东非裂谷地热带上。我国是一个地热资源较为丰富的国家，特别是中低温地热资源，分布范围广，几乎遍及全国；高温地热资源相对而言较少。通过地质调查，全国已经发现高温地热系统 250 多处，主要分布在西藏南部、云南和四川中部；中低温地热系统 2900 多处，主要分布在东南沿海和内陆盆地。并且我国地热资源以对流型资源为主，全国近 3000 处温泉和几千眼地热井出口温度绝大部分低于 90 ℃，平均温度约 54.8 ℃。据估计，全国主要沉积盆地距地表 2000 米以内储藏的地热能相当于 2500 亿吨标准煤的热量，全国每年可开发利用地热水总量约为 68.45 亿立方米，折合每年 3284.8 万吨标准煤的发热量，这其中还未包括埋深大于 2000 米的地热资源。

就地质构造而言，中国的地热资源可以分成两类。一类是地表有地热显示特征的结构隆起区，主要包括藏南—川西—滇西地区水热活动密集带、台湾地区水热活动密集带、东南沿海地区水热活动密集带和胶辽半岛水热活动密集带。另一类是地表无地热显示特征的沉积盆地，主要位于中东部地区的大中型盆地，包括华北盆地、苏北盆地、下辽河盆地、松辽盆地、渭河—运城盆地、鄂尔多斯盆地、四川盆地、楚雄盆地、雷琼盆地等 10 个大中型盆地。

我国的地热资源还有两个特点。在经济较为发达的环渤海经济区，地热资源较为丰富。在北京、天津、河北等地区，地热资

源储量较大、分布广泛。如果能够得到合理的开发和利用,将会
为该地区的经济建设作出重要的贡献。另外,我国的地热资源
以水热型为主,其开发利用的技术较为成熟,可以直接在工农业
生产和居民日常生活中使用。这表明,我国的地热资源的使用
价值较高。

在局部地区,尤其是在那些外界能源难以供应到的地区,如
果常规能源较为缺乏,本地区又具有较为丰富的地热资源,那么
开发和利用地热资源将会对该地区的能源供给作出很大的贡
献。比如,西藏地区缺少煤、石油、天然气等常规能源,但拉萨附
近的羊八井地区具有丰富的地热资源,因此开发和利用地热资
源发电的条件成熟。目前,羊八井地热电站装机容量 25 兆瓦,
年发电量在拉萨电网中占 5% 左右。

我国西部地区
地热资源丰富

❧ 地热资源的利用方式

人类利用地热资源的历史十分悠久。地热水含有一定量的有利于人体保健和治疗疾病的矿物质,人类早期对地热资源的开发和利用就是通过在地热水中进行洗浴和游泳来达到保健、治疗的目的。公元 300 年左右,当时的古罗马人就已盛行利用温泉洗浴。我国明代的李时珍在《本草纲目》中就记载了温泉洗浴对风湿、胫骨挛缩等疾病的治疗效果。可见,古人很早就认识到了温泉祛病健身、消除疲劳的功效。

进入 20 世纪,地热能才第一次被用于发电。1904 年,意大利人法郎西斯科·拉德瑞罗利用地热蒸汽发出的电,点亮了 4 只灯泡,成功地实现了地热发电。第二次世界大战以后,地热发电开始兴起,发电站的装机容量增长迅速。目前,地热发电方式主要包括地热蒸汽发电系统、地热双循环发电系统。另外,干热岩发电系统也正在研究之中。

与其他发电方式相比,地热发电虽然功率不大,但有其独特的优势。拥有地热资源的地区一般为偏远山区,这些地区依靠外部电网输电的成本过高,供电也不稳定。在这些地区利用地热发电,既能够充分利用本地资源,又能够保证能源供给的安全性。

除了利用地热发电之外,地热能还可以直接被利用。地热能的直接利用效率为 50％左右,远高于地热发电效率(约为30％)。同时,地热能直接利用投资较少、见效较快,应用范围也更为广泛,这使得人们更加青睐地热能的直接利用。

地热能的直接利用方式除了常见的温泉、沐浴、医疗外,还包括利用地热供热、水产养殖以及相关的工业应用。地热热泵技术的工作原理类似于电冰箱的工作原理,但是它可以双向输出。地热热泵不仅能作为冬季供热的低温热源,而且还可以作为夏季制冷的冷却源。从而实现冬季采暖、夏季制冷的目的,它是一种区别于传统的取暖和制冷的新模式。许多国家使用地源热泵技术进行供暖,还有利用地热加热温室或者养殖热带鱼类等。农业、食品加工行业经常利用地热来加热温室、养殖热带鱼、对食品进行脱水和烘干处理。除此之外,地热能还可以应用于工业中的其他行业,例如地热能被用于纺织、制革、造纸、印染等行业中可节省转化水处理等。

当然,地热利用也有其局限性,地热资源可开采总量比较有限,而且,地热资源多分布在人口较少的地区,经济效益也十分有限。由于热力不能像电力一样可进行远距离输送,因此也限制了地热资源的大规模应用。即便如此,地热能仍具有广泛的应用前景。

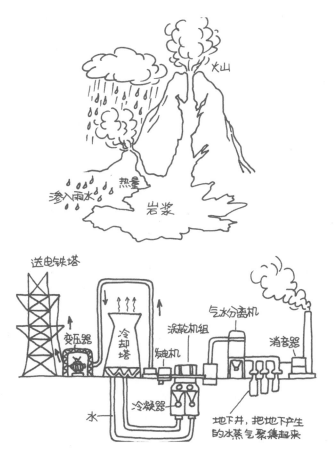

海 洋 能

海洋能简介

海洋能是一种十分特殊的能源，它的能量来自于潮汐、波涛冲击力、涌流冲击力、温度差及盐度差等。主要包括潮汐能、海流能（主要是潮流能）、波浪能、海洋温差能和盐差能。其中潮汐能的利用技术比较成熟，因而被人类大规模利用。潮汐能和潮流能是由太阳和月亮对地球的引力发生变化而产生的，其余的是由太阳辐射而产生的。在未来相当长的时间内，太阳系是稳定的，因此，海洋能也是一种可再生能源。

海洋能按照储能形式分为机械能（潮汐能、海流能、波浪能）、热能（海洋温差能）和化学能（海水盐差能）。有些人将海洋上的风能、太阳能，海洋中的生物质能也划为海洋能。但是，海洋风能和太阳能与陆地上的风能、太阳能并没有太大的本质区别，而海洋生物质能与狭义的海洋能的差别却很大，因此这种分类方法不够严谨。这里所介绍的海洋能指的是狭义的海洋能。

海洋能量的总量巨大，能量密度低。据 1981 年联合国教科文组织出版的《海洋能开发》一书中估计，全球海岸附近可开发的海洋能总量约为 7.66 亿千瓦，是当时世界电站总装机容量的 2 倍。但是，海洋能分散在浩瀚的大海和漫长的海岸线上，其单位面积或单位体积上的储藏能量较小，开发利用的难度较大。

海洋能是清洁的可再生能源。开发利用海洋能不需要运输燃料或废物，对环境没有污染。在海洋能的开发过程中，如果能兼顾海洋能发电、水产养殖、旅游交通等各个方面，那么，经济效益和社会效益将会非常显著。

世界上的大多数人群居住在海岸线附近,这里经济发达、资源消耗量大,而且距离传统化石能源丰富的地区较远,因此能源紧张现象十分突出。如果人类能够掌握海洋能的开发和利用技术,就能够极大地缓解这些地区的能源供应紧张局面,也能够为人类逐步走向海洋打下良好的基础。

然而,目前海洋能的开发利用还面临许多难题,海洋能并未得到广泛的利用,它也不如风能、太阳能等新能源那样发展迅速。但是海洋能具有本身的一些特点。首先是海洋能的蕴藏量十分巨大,这主要体现在它的能量主要来自于浩瀚的大海;其次是海洋能具有可再生性,因为海洋能来自于太阳辐射能和物体间的万有引力,只要太阳系存在,它就会取之不尽,用之不竭;最后是海洋能的能源形式多种多样,具有较稳定与不稳定的能源形式,稳定的能源形式包括温度差能、盐差能和海流能,不稳定的能源形式含有潮汐能、潮流能、波浪能。不过我们相信,随着科学技术的进步,海洋能一定能够成为人类社会的重要能源。下面,为大家介绍 3 种较有发展前景的海洋能:潮汐能、波浪能和海洋温差能。

潮汐能与潮汐发电

潮汐现象是指海水在天体(主要是月球和太阳)引潮力作用下所产生的周期性运动,其中由于月球相对于太阳更加接近地球,因此月球的引潮力大约是太阳的 2 倍,从而使得潮汐循环有规律地和月球同步。习惯上把海面垂直方向涨落称为潮汐,而海水在水平方向的流动称为潮流。在一个潮汐周期内,相邻高潮位与低潮位间的差值,又称潮差。潮差大小受引潮力、地形和其他条件的影响,并且随时间及地点而不同。一般情况下,一些浅的边缘海、喇叭形渐缩河口与海湾的海水潮差较高。加拿大东南部的芬迪湾、东北部的昂加瓦湾,英国布里斯托尔的赛汶河口都是世界上潮差较高的地区,一般潮差范围均在 15 米以上。我国海域潮差以东海长江口,浙江、福建沿海最大,杭州湾钱塘江口可达 8 米以上,每年农历八月十八的钱塘江大潮闻名世界。渤海、黄海和南海的潮差较小。

在我国长江口,浙江、福建东海的沿海地区潮差较大,潮汐能可开发量较为可观,而其他海域的潮差较小,仅在海湾顶部的潮差可以开发利用。据估计,我国沿海的潮汐能量为 1.1 亿千瓦,其中可开发的约 2100 万千瓦,每年可发电 580 亿千瓦时。

世界上装机容量最大的潮汐发电站是法国的朗斯潮汐电站,1737 年提出建议,1961 年实际兴建,1966 年正式建成,装机容量 240 兆瓦,年发电量 6 亿千瓦时。我国在 20 世纪50～70 年代,先后建造了 50 座潮汐发电站。但是到了 80 年代,仅有 8 座还在正常工作。温岭江厦潮汐电站于 1985 年建成,装机容量 3.2 兆瓦,可昼夜发电 14～15 小时,每年可向电网提供 720 万千瓦时的电能。

简单地说,潮汐发电就是在海湾或有潮汐的河口建筑一座拦水堤坝,形成水库,并在坝中或坝旁放置水轮发电机组,利用潮汐涨落时海水水位的升降,在使海水通过水轮机时推动水轮发电机组发电。从能量的角度来说,潮汐发电就是利用海水的势能和动能,通过水轮发电机转化为电能。

潮汐电站可分为单库潮汐电站和双库潮汐电站。单库潮汐电站只有一个大坝,大坝上建有闸门和电厂。主要有两种运行方式:单向运行和双向运行。它是最早最简单的潮汐发电站;双库潮汐发电站有两个相互隔开的水库,每个水库都有自己的大坝。双库方案有双库连续方案和双库配对方案,它们的选择可根据具体的地形条件来选择相应的方案。双库发电站有效地解决了发电不连续的问题,因此它受到更多的关注。

潮汐能是可再生的清洁能源,其发电费用较为低廉,经济效益和社会效益显著,对生态环境也有许多益处。但是,潮汐发电只有在潮差较大时才能进行,因此潮汐发电存在间歇性的问题。目前,人们正在研究通过高低双库、大小双库、抽水增能、多座电站联合互补等方式,来解决发电的间歇性问题。

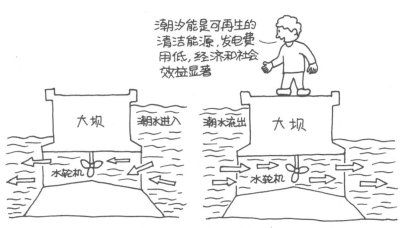

潮汐能是可再生的清洁能源,发电费用低,经济和社会效益显著

当潮水流进或流出大坝时,都通过水轮机而发电

波浪能与波能装置

海洋的波动是海水运动的重要现象之一。从海面到海洋内部处处都可能出现波动现象。海洋波动的基本特点是,在外力的作用下,水质点离开其平衡位置作周期性或准周期性运动。由于流体的连续性,必然带动其邻近质点,导致其运动状态在空间传播,该波动的主要特征是运动随时间和空间发生周期性变化。

单位面积上的平面正弦波浪,在垂直于其传播方向的能量流为:

$$I(\zeta) = \frac{\pi \rho g H^2 e^{\frac{4\pi}{\lambda}}}{4T}$$

$$\lambda = \frac{gT^2}{2\pi}$$

式中:T 为波浪周期;H 为波浪波高;ζ 为表面以下的深度,$\zeta < 0$;ρ 为密度;g 为重力加速度。例如:周期 10 秒、波高 2 米的常见波浪,其所蕴藏的功率为 40 千瓦/米。

据美国科学家估算,全球海洋波浪平均值为波高 1.5 米、周期 8 秒,其平均总功率为 90 万亿千瓦,但其真正的开发量要远远小于这个数值。我国海域多属于封闭、半封闭的边缘海,风浪较小,波浪能蕴藏量并不大,且多为季风,季节变化的特点很显著。台湾海峡波浪能蕴藏量最大,福建、浙江、广东、山东沿岸则其次。

早在一个世纪以前,人们就对波浪能的利用进行研究和研发。然而,多年的研究结果表明,真正能够实际应用的波浪能装置很少。到了 20 世纪 70 年代中期,人们才开始研究波浪能的实际利用技术。目前各国研制成功的装置多半是用于航标灯、浮标等电源使用的小型的波浪能发电装置。波浪能的开发利用在成本及技术方面还很难与常规能源相竞争。然而,在一些不便使用常规能源,而且电网又无法覆盖到的海岛和距离陆地较远的灯塔等设施,此时波浪能较其他能源而言具有更加显著的优势。

波浪发电的原理是将由波浪往复运动所产生的波力转换为空气的压力来驱动空气透平发电机运行。具体的发电过程是:当波浪上升时,波力将空气室中的空气顶上去,被压空气穿过正压水阀室进入正压汽缸,驱动发电机上轴伸端上的空气透平使发电机发电;而当波浪下降时,空气室内形成负压,使得大气中的空气被吸入汽缸,驱动发电机另一轴伸端上的空气透平机使发电机发电,且旋转方向不发生改变。基于上述原理所制成的波浪能发电装置数以千计。按固定方式划分,波浪能装置可分为固定式和漂浮式,按能量传递方式划分,波浪能装置可分为气动式、液压式、机械式。当前的波浪能发电装置都各有其优缺点,大部分都还在试验研究中,并没有真正进入商业应用阶段。但随着技术的不断发展,我们相信,波浪能发电技术一定能在未来的能源开发中占有重要地位。

海洋温差发电

海洋温差能（又称海洋热能）发电，是指利用海洋表面与海洋深处之间的温度差进行发电，由此获得能量。在阳光照射下，表面海水吸收太阳能，会使海面水温上升，因此与深处海水形成温差。尤其是在热带地区，表面海水的温度可达 25 ℃，而在1000米深度的海水温度只有 4 ℃左右，两者之间存在 20 ℃的温差。利用海洋能热转换技术（Ocean Thermal Energy Conversion，简称OTEC），其工作原理是通过海面"高温区域"将系统工质蒸发，再利用深处冷水将该工质冷凝，通过系统内部的工质动力系统，即可实现将海洋温差能转化为电能的工作过程。由于太阳能源源不断地辐射至海水表面，而海洋深处的海水是极大的冷源，因此海洋温差能的开发和利用不会影响生态环境，海洋温差能是一种清洁的可再生能源。

蕴藏温差能的条件是海面与 750～1000 米深处的海水，两者之间具有15 ℃以上的温差，而且就在海岸附近，便于电力输送。从北纬 20°到南纬 20°的沿海海域都符合此条件。我国台湾省的太平洋沿岸多陡崖，有 20 ℃以上温差的海域距离岸边只有几千米，该地区利用海洋温差发电条件较为理想。另外，我国的南海诸岛也有很好的温差能开发条件。

法国学者雅克·达松瓦尔是第一个提出利用海洋温差能设想的人。1881 年他在一篇文章中提出了开发利用海洋温差能的方法。1930 年，他的学生在古巴建成了第一个海洋温差能发电装置。该装置发出 22 千瓦电能。然而，该装置发出的电能小于为维持其运转所消耗的能量，所以这次试验并不成功。20 世纪70 年代以后，受能源危机的影响，海洋热能的开发利用再次兴起。1978 年，洛克希德公司的海洋能发电实验装置首次实现净功率输出，输出电功率达到 15 千瓦。这是人类首次从海洋热能中获得的实用电力，具有划时代意义。我国少数研究所和大学也曾做过这方面的理论和实验研究，只因成果有限而并未受到重视。

海洋温差发电系统主要有三种方式。第一种方式是开式循环系统,它直接使用海水作为工作介质,从而使得闪蒸器与冷凝器之间的压差与焓降非常小,需要的透平装置尺寸较大,在发电的同时还能对海水进行淡化;第二种方式是闭式循环系统,与开式循环系统不同的是:它所使用的工作介质是具有低沸点特征的介质,从而使得整个透平装置的尺寸大大减小,工作效率大大提高;第三种方式是混合循环系统,它综合了上面两种温差发电系统的优点,因此既可以减小透平装置的尺寸,又可以对海水进行淡化。

目前,海洋能温差发电技术尚有设备、材料、有机工质选择等诸多难题有待解决,成本也无法与常规能源相提并论。美国和日本建立了一些示范电站,但大多处于研究阶段,并未投入使用。人们正采取各种办法来解决海洋热能发电的各种问题。我们相信,将来一定能够充分利用这一资源为人类造福的。

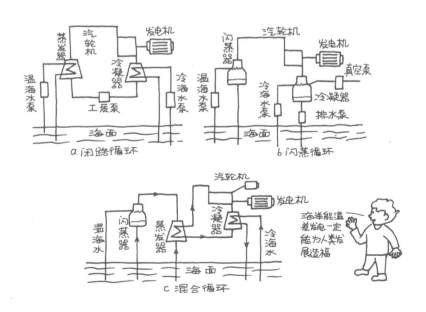

 新型用能技术与产品

新 型 汽 车

纯电动汽车

为了缓解能源危机和减少环境污染，人们开发出只用电的新型汽车——纯电动汽车。纯电动汽车有别于利用汽油燃烧而产生动力的汽车，可以大大降低大气污染和噪声污染。

纯电动汽车主要由蓄电池、电动机等部件组成。蓄电池向电机提供电能，电机再驱使驱动轴带动车轮或轴承的运动。由控制器来控制引擎的启动。在纯电动控制系统中，主要包括 4 个节点，即主控制器、电机控制器、电池控制器和总线监控单元。主控制器相当于中枢神经，控制着整台汽车的运行。它的控制流程是：首先接受由传感器上传的信息，然后经过 A/I 进行转换，再将转换结果进行计算和编码为 CAN 报文，最后将报文发送到总线上对其他节点进行控制。电机控制器主要用来对电机的转速和温度进行控制。电机控制器对电机转速的控制是以主控制器发送的扭距值为输入值，再采用双闭环控制来实现对电机转速的控制。电机控制器根据电机的温度变化来控制电机的冷却水泵和冷却风扇，使电机处于合适的温度环境。电池控制器主要有均衡电池电压、保证电池性能、控制电池的充电和放电及向主控制器反馈电池信息等功能。总线监控单元在不干扰总线数据传输的情况下，对总线上传输的数据进行实时监控、记录和报警。不仅如此，它还具有离线分析和参数标定功能。

纯电动汽车所使用的电池为可充电电池，该电池常见的种类有铅酸电池、镍镉电池、镍氢电池和锂离子电池等。可充电电池是纯电动汽车的核心部件,该电池有 3 项重要参数:电池容量、充电时间、电池寿命。在专门的充电站,可充电电池的充电时间是 30 分钟(又称为"快充")。如果用家里的电器插座充电,则充电时间是 8 小时(又称为"慢充")。

纯电动汽车可以说是一种零排放汽车,不过,我们并不能说它是零污染的,因为在可充电电池的生产过程中,以及纯电动汽车的制造过程中所产生的间接污染,都是我们目前的技术水平无法克服的。不过,在纯电动汽车的使用过程中,的确是减少了燃油的消耗,降低了温室气体的排放量,而且,纯电动汽车比同类燃油车所产生的噪声也降低了很多。如果能够大规模地推广纯电动汽车在公共交通中的使用率,将大幅度降低城市的废气污染和噪声污染等。但是,纯电动汽车的全面推广,还存在电池蓄电量不持久等诸多问题。目前推动较成功的是电动汽车等行驶时间较短的一些交通工具。

纯电动汽车低污染,零排放,低能耗

超级电容汽车

超级电容器又称为化学电容器，它是一种电荷储存器。下面，我们简单介绍它的工作原理。

当电源的电压接在电容器的两端时，电源的电荷就会储存在电容器中。当系统拥有外部电源时，超级电容器就变成"充电"状态。当系统的外部电源断开时，超级电容器就充当起"电源"的角色，继续对系统进行"放电"，使系统的工作不会间断。

利用超级电容器不仅能够储存大量的电荷，而且还能够进行快速、大流量的"充"、"放"电，可将其使用在交通工具上。我们将这类汽车命名为超级电容汽车。

过去，我们的城市公共交通中也使用过电车。这种公交电车虽然不会排放废气，但是却需要在它的头顶上架起长长的电线，通过固定的变电站持续不断地为它补充电力。随着公交线路的不断增加，这些架在空中的呈网络状分布的电线被人们戏称为"蜘蛛网"，而这些"蜘蛛网"明显影响了城市的美观。如今，通过高新技术开发，我们制造出更先进的超级电容汽车。这种新型汽车，已经不需要使用那些有碍城市美观的"蜘蛛网"了。

不仅如此，超级电容汽车还具有环保和运营成本低廉的特点。超级电容汽车所使用的能源来源于电能，电能可以由无污染的可再生能源生产，除此之外，超级电容汽车还具有无废气排放、噪音小的特点。值得一提的是，超级电容汽车具有运营成本低的优势。一般情况下，柴油车约为22元/千米，天然气车约为14元/千米，而电车仅为7元/千米，由此可以看出，电车在运营成本方面具有十分明显的优势。随着科学技术的发展，超级电容汽车的造价成本也在进一步下降。因此发展超级电容汽车具有十分庞大的市场和广阔的前景。

事实上，过去我们使用的公交电车，与如今我们发明的超级电容汽车,它们的工作原理是完全不同的。简单地说,超级电容汽车就是以能够在短时间内快速地储存大量电荷的超级电容作为蓄电池的电车;公交电车本身没有携带电源,而是通过架设电线来对汽车进行直接供电。

在上海市区,26 路公交车已经换用了超级电容汽车。在行车途中,26 路公交车无需连接空中电线,只需要在每个站点候客上车的间隙充电 30 秒到 1 分钟,就能够发动汽车行驶 3～5 千米,这段距离远远大于公交车相邻两站的距离。实践证明,超级电容汽车完全符合公交车的营运条件。相信在不久的将来,当超级电容汽车经过技术改造而日趋成熟之际,它便能取代大部分现有的普通公交车,让我们城市的生活环境更加洁净。

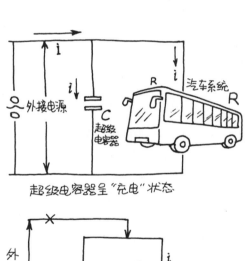

超级电容器呈"充电"状态

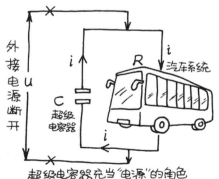

超级电容器充当"电源"的角色

❤ 混合动力汽车

这里所介绍的混合动力汽车是指可以同时使用内燃机和电动机作为动力源的汽车。此类混合动力汽车，通过混合使用热能和电源两套系统来驱动车辆。其主要工作原理是利用引擎在工作时对蓄电池充电，将电动机和引擎产生的动力不断切换和转化，以达到双动能的推动力，由此降低汽车的耗油和废气的排放。

目前，根据混合动力的连接方式可以将混合动力汽车分为三类，即并联混合动力汽车、串联混合动力汽车和混联混合动力汽车。并联混合动力汽车的动力连接方式以发动机为主，电动马达为辅。它的工作原理是在发动机燃油消耗较大时，由电动马达辅助驱动。这类汽车虽然结构比较简单，但是节能效果并不是很高；串联混合动力汽车由内燃机带动发电机发电，将产生的电能通过控制单元储存在电池中，然后再由电池放电带动电动机运行。这类汽车应用得较少，其动力系统应用在公交车上比较多。混联混合动力汽车在低速行驶时只有电动马达驱动汽车行驶，而在启动或加速时则由发动机和电动马达共同驱使汽车行驶。这类汽车的节能效果比较理想，比较适用于交通较拥堵的城市，但是它的结构复杂。

混合动力汽车的优点有以下几点：第一，在启动车辆时，引擎部分不运作，主要依靠蓄电池提供全车所需的电力。第二，在汽车匀速行驶时，由电动机来驱动车轮，因此不会释放废气。这对于那些行驶在拥挤的城市道路上的汽车来说，特别具有节能减排的作用。第三，当汽车需要加速行驶时，由引擎启动来提供汽车所需的动能。与此同时，由引擎释放的能量也在不断地输入汽车电池中。因此，引擎部分不仅向汽车前轮输送动力，而且也在向汽车电池不断地充电。

目前，专家们正在对混合动力汽车的内燃机进行技术改造。这些技术改造，使得新型的混合动力汽车可以使用除了汽油和柴油以外的其他替代燃料,比如天然气、丙烷和乙醇燃料等。

混合动力汽车所使用的电池主要有铅酸电池、镍锰氢电池和锂电池。

由于混合动力汽车拥有两种以上的动力源,因此它与纯引擎汽车或者纯电动汽车相比较,可以提供持续的动力需求。另外,它还具备怠速熄火系统,可以在车辆减速或长时间停车的情况下自动熄火而又不会停止车内电器的运作。这些优点,尤其适合汽车在城市拥挤的交通条件下行驶。

综上所述,混合动力汽车最大的优点就是动力来源互补,驾驶员可以根据道路情况来选择使用最适合的动力来源,从而大幅度地减少油耗,让汽车能够发挥出最大的功效。因此我们认为,在未来,混合动力汽车将有很大的发展潜力。

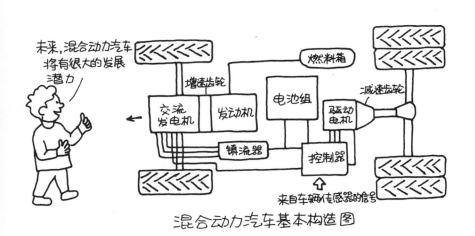

未来,混合动力汽车将有很大的发展潜力

混合动力汽车基本构造图

替代燃料汽车

中国是一个煤炭和天然气比较丰富而石油储藏量不多的国家,尤其是在今天,中国经济正在飞速发展,对燃料资源的需求也日益增加。如何解决能源短缺的问题,是目前面临的重大考验。

目前,汽车所使用的替代燃料,最常见的是天然气、液化石油气、甲醇、乙醇和二甲醚。

在我国,天然气相对于石油而言,其自给自足的量要大很多。天然气的主要成分是甲烷,而甲烷燃烧后的产物与汽油燃烧后的产物相比,其对环境的污染要低很多,因此天然气汽车是目前世界上公认的高节能、低污染,又经济和安全的新型代用燃料汽车。

世界上有逾百万辆的汽车正在使用天然气,美国、阿根廷、意大利和俄罗斯便是天然气汽车制造行业的先导者。目前,世界上已有50家大型发动机制造公司在生产天然气发动机,比如宝马公司、本田公司、通用公司和沃尔沃公司等。研究表明,将传统的燃油汽车转换为燃气汽车后,能把有害废气的排放量减少到原来的1/5～1/3。

传统汽车中,燃料的替代品有很多种类:一类是用天然气和液化石油气作为燃料,另一类是用甲醇、乙醇和二甲醚作为燃料。

首先,我们介绍替代传统汽车燃料的天然气和液化石油气。使用天然气的汽车的排污率大大低于以汽油为燃料的汽车,其尾气中不含硫化物和铅,一氧化碳含量可降低80%,碳氢化合物含量可降低60%,氮氧化合物含量可降低70%,因此,许多国家已经将发展天然气汽车作为一种减轻大气污染的重要手段。

液化石油气是原油催化裂解与热裂解时所得到的副产品,其成分主要是丙烷、丁烷,将它们压缩到原体积的1/250,并且使之变成液态,贮存于耐高压的钢罐中,作为汽车燃料来使用。

然而,天然气与液化石油气均属于易燃物质,它们是高度危险的替代性燃料,因此,如何降低其危险性就是目前这两种替代性燃料真正面临的考验。

接下来,我们介绍替代传统汽车燃料的甲醇、乙醇和二甲醚。甲醇、乙醇和二甲醚等替代燃料比常用的石化汽油具有成本更低、污染更少等优点。

甲醇具有价格低廉、能效高的特点,而乙醇则来源于农林业产物及其副产物,它是一种可再生能源。二甲醚主要用煤和天然气等资源制取,它最大的优点是可以实现无烟燃烧。

替代燃料汽车的发动原理与人们较为熟悉的普通汽车没什么不同,就是将替代燃料产生的热能通过在密封汽缸内燃烧,使气体膨胀(或者可以说是在汽缸内爆炸),推动活塞做功,再转变成机械能,驱动汽车行驶。

目前,能源替代逐渐成为各国政府的首要大事。汽车制造业对节能减排、能源替代等方面的要求不断提高,因此,替代燃料已经成为首要的能源多元化发展方向之一。

质子交换膜燃料电池汽车

首先,我们简单介绍一下质子交换膜燃料电池(简称燃料电池)。

质子交换膜燃料电池最早是由美国通用公司于 1960 年研制开发出来的,那时他们所采用的膜是聚苯乙烯磺酸膜,这种膜很容易发生电化学氧化,因此它的使用寿命极其短暂,仅有 500 小时。到了 20 世纪 80 年代末,质子交换膜燃料电池在军事领域中得到了各国的广泛关注,从此以后质子交换膜燃料电池得到较快的发展。到了今天,很多国家正积极地将它作为汽车动力应用于汽车领域中。

燃料电池主要由膜电极、密封圈和带有导气通道的流场板组成。膜电极是燃料电池的核心部分,它的中间是一层很薄的膜——质子交换膜,这种膜不传导电子,是氢离子的优良导体,它既作为电解质提供氢离子与氧离子的反应,又作为隔膜,隔离阴阳两极之间的反应气体;流场板通常由石墨制成。两极反应如下:

阳极反应:$H_2 \longrightarrow 2H^+ + 2e^-$

阴极反应:$1/2O_2 + 2H^+ + 2e^- \longrightarrow H_2O$

总反应:$1/2O_2 + H_2 \longrightarrow H_2O$ ($E^0 = 1.14$ 伏)

燃料电池最大的优越性,体现在它的工作温度上,它在室温的温度环境中也能正常进行工作,这有利于燃料电池汽车的低温启动。并且它具有很高的功率密度,这可以通过一定的数据表现出来。若将采用天然气重整氢的质子交换膜燃料电池与内燃机比较,其能源消耗较内燃机少 60%,二氧化碳排放量较内燃机少 75%,有毒排放量较内燃机少 99%。虽然如此,但是燃料电池离工业化生产还有一定的距离。因为电池还有一些缺点难以攻破,比如燃料电池的生产成本高、在采用氢作燃料时其安全性低、采用贵金属作为催化剂等。

　　燃料电池是以氢气为燃料，氢燃料与大气中的氧气发生电化学反应，是电解水的逆反应，将化学能转变为电能，然后通过燃料电池汽车里的电动机驱动汽车，所以燃料电池汽车也是间接以电力为驱动力的。

　　质子交换膜燃料电池汽车技术不仅得到了政府的高度支持与重视，而且它还是汽车行业的重点战略产品。越来越多的世界著名汽车企业、能源企业和燃料电池企业都积极投入到了这一研发领域当中。如今，这一领域得到了很多的成果和重大的进展，例如燃料电池的功率密度越来越高、重金属的用量越来越少、燃料电池汽车的能量转换效率越来越高、燃料电池的可靠性和安全性也越来越高、燃料电池的成本越来越低等。虽然如此，但仍然还有许多的难题需要克服攻关，这些难题主要还是集中在传统的问题上，例如燃料电池的成本、燃料电池的安全性和耐用性以及基础设施的建设等。由于燃料电池汽车具有巨大的优势，因此其将来的应用前景仍然十分光明。

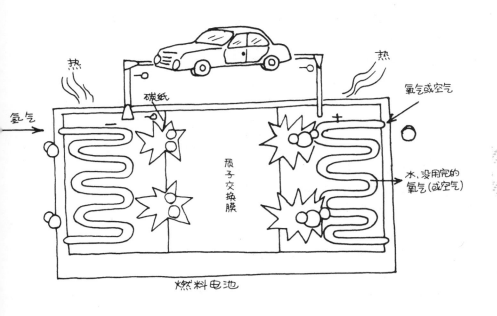

燃料电池

新 型 灯 具

❧ 测试灯具的标准

人们获取光源的方式——由古代的摩擦生火,到近代的油灯,再到今日的日光灯——已经发生了巨大的变化,越来越多的新技术得到应用。新型灯具是融合了现代科技来生成光的器具。在判定这些新型灯具中灯泡的效率及好坏时,我们常用以下一些标准。

第一,发光效率。发光效率简称光效,是光源将电能转变为光能的效率,光效越高,同等照明强度下耗电就越少。光效又指光源消耗每一瓦电能所发出的光通量,光效数值越高,表示光源的效率越高,而且光效是考核光源经济性能的一个重要参数。发光效率的计算公式是:发光效率=光源光通量/输入功率,单位:流明/瓦(lm/W)。

第二,流明(lm)。所谓流明,简单地说就是指发光体在1米以外所显现出的亮度。一个普通40瓦的白炽灯泡,其发光效率大约是每瓦10流明,因此通过计算可以得到,它能发出400流明的光。40瓦的白炽灯在220伏电压下,光通量为340流明。光通量是描述单位时间内光源辐射产生视觉响应强弱的能力,单位是流明(lm),也叫明亮度。

第三,显色指数(Ra)。当光源中缺乏物体在基准光源下所反射的主波时,会使颜色产生明显的色彩偏差。色差程度越大,光源对该色的显色性越差。通常情况下,把白炽灯的显色指数定义为100,视为理想的基准光源。可以通过比较照明灯的技术性能参数,来了解其基本特性。在选购时,应该判断显色指数、光效等指标,一般要选择中国能效标识达到 2 级以上的相关产品。

常见照明灯具技术性能参数

光源种类	光效(流明/瓦)	显色指数(Ra)	平均使用寿命(小时)
白炽灯	15	100	1000
卤钨灯	25	100	2000～5000
紧凑型荧光灯	60	85	6000～10000
普通荧光灯	70	70	10000
三基色荧光灯	93	80～98	12000
高压汞灯	50	45	6000
金属卤化物灯	75～95	65～92	6000～20000
高压钠灯	100～120	23/60/85	24000
高频无极灯	55～70	85	40000～80000

新型灯具点亮生活,节能减排

绿色照明的概况

所谓绿色照明是通过科学的照明设计,采用效率高、寿命长、安全和性能稳定的照明电器产品(包括电光源、灯用电器附件、灯具、配线器材以及调光控制设备和控光器件等),充分利用天然光,以改善人们工作、学习、生活条件和质量,创造一个高效、舒适、安全、经济、有益的环境,充分体现现代文明。绿色照明在保证人们安全使用的前提下,利用节能技术理念,实现节约照明能源、保护生态环境、提高人们生活质量的目的。绿色照明是美国国家环保局于 20 世纪 90 年代初提出的概念。完整的绿色照明概念包含高效节能、环保、安全、舒适 4 项指标。高效节能就是以消耗较少的电能来获得足够的照明,从而明显减少电厂大气污染物的排放,达到环保的目的。安全、舒适指的是光照清晰、柔和及不产生紫外线、眩光等有害光照,不产生光污染。近年来,我国的照明用电量已经占到总发电量的 10%。

绿色照明技术

在信息高度发达的今天,视力的下降,变得越来越普遍。拥有一双健康的眼睛,显得越来越重要。对于眼睛的保护,我们不仅要从自己的生活习惯和视觉卫生上下工夫,还要从我们的生活环境中找原因。很明显灯具在我们的工作、学习和生活环境中占有极其重要的地位,因此科学的照明技术,对于人类的视觉健康和高效工作有着极其重要的作用。照明高、眩光小、照度均匀和观察功能强成为了绿色照明技术所追求的终极目标。所谓的眩光,就是人体所感知的刺眼的光线。在绿色照明技术中通过对直射和反射光线做漫射处理来达到眩光小这一目的,从而使得灯具发出的光线变得柔和。均匀的照光度有利于消除人类的视觉疲劳,而高照度则有利于眼睛清楚地观察事物。在绿色照明技术中可以通过特殊的技术手段来增加观察功能的目的,例如在适当的位置放置光学放大镜来增加人类的观察能力等。

绿色照明的发展历程

1970～1980 年：全球面临能源危机,国际环境保护浪潮不断兴起。节约能源、保护环境成为全人类的共识。

1991 年：美国环保局首先提出绿色照明和推进绿色照明工程的概念,很快便得到联合国和其他许多国家的响应和支持。

1993 年：国家经贸委开始启动中国绿色照明工程,并于1996 年正式列入国家计划。

2006 年：国家发展改革委等八部门在《关于印发"十一五"十大重点节能工程实施意见的通知》(发改环资〔2006〕1457 号)中,把绿色照明工程列为十大重点节能工程之一。

我国实施绿色照明的成果

我国从 1996 年正式实施绿色照明,至今已有 10 多年时间。据有关专家测算,1996～2005 年,中国绿色照明工程累计节电590 亿千瓦时,减少二氧化碳排放 5900 万吨,减少二氧化硫排放3.13 万吨。

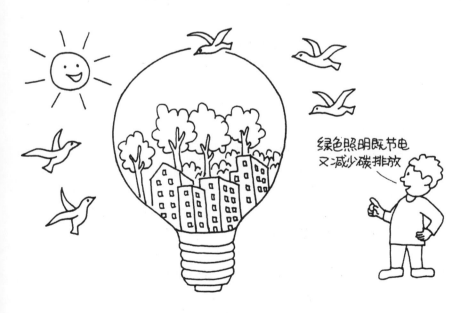

绿色照明既节电
又减少碳排放

213

荧光灯

如今,荧光灯的使用已经非常普遍。大多数个人、家庭,公司、工厂及学校等都会选择经济、实用的荧光灯来照明。

荧光灯又叫日光灯,英文名为 Fluorescent Lamp,它是利用电流激发水银变为蒸气,并根据气体放电的原理工作的。电流会激发灯管中的水银原子,从而产生短波紫外光。紫外光使白磷产生荧光效应,并发出可见的光。

荧光灯管分两种,一种是荧光灯管涂卤素荧光粉,再填充氩气、氖氩混合气体;另一种是荧光灯管涂三基色稀土荧光粉,再填充高效发光气体。前者的显色指数较低($Ra<40$),人们利用它观察物体的表面,颜色偏青色,且色彩暗淡而不鲜艳,其光效只有 $30\sim40$ 流明/瓦。后者的显色指数($Ra=80$)接近太阳光($Ra=100$),其颜色接近白光。涂三基色稀土荧光粉灯管的发光效率较高,其光效可达 65 流明/瓦以上。荧光灯光效的高低还取决于所采用的镇流器的技术性能。镇流器的技术性能越好,其光效就越高,基本可达 100 流明/瓦以上。

与白炽灯相比,荧光灯不仅节电而且发光效率也更高。荧光灯还可以比白炽灯转化更多的电能成为可见光。一个荧光灯只需要消耗一个白炽灯 $25\%\sim35\%$ 的能量,就可以达到与白炽灯相同的照明效果。一般而言,在同等使用条件下,荧光灯的使用寿命是普通白炽灯寿命的 10 倍($7000\sim24000$ 小时)。由于荧光灯的使用寿命长,就减少了更换灯泡的成本。

荧光灯的闪射效果也比白炽灯好,而且其光源更大。那些设计较好的荧光灯灯具会使光照更加均匀,不会产生像白炽灯那样的眩光。除此之外,选用粗细不同的荧光灯管也会产生差别。选用管径越细的荧光灯,其光效就越高,节电效果也越好。不过,管径细的荧光灯管对镇流器的技术性能要求也更高。

从上面的论述中可以看出,镇流器对于日光灯具有极其重要的作用。下面,简要介绍荧光灯镇流器的作用机理、分类类型和特点。

　　荧光灯镇流器是用来控制通过荧光管电流的装置,其工作原理类似于感应器。它是通过在硅钢制做的铁芯上缠绕漆包线而制成,其工作流程是:当启辉器闭合时,灯管的灯丝通过镇流器限流导通发热;当启辉器断开时,灯管的灯丝在镇流器由自感所产生的高压下发射电子轰击管壁上的萤光粉发光。简单地说,镇流器的工作原理就是在一个短时间内以一个特别的方向阻止不断增加的电流,从而使得电流的改变慢下来,但是不能停下来。

　　镇流器可以分为电子镇流器和电感镇流器。电感镇流具有结构简单、寿命长和安全可靠等优点,但是还具有很多的缺点,例如多次起点、功率低、启动性能差、能耗高和频闪严重等。而电子镇流器则具有无频闪、一次起点、功率高、寿命更长、噪音低和可调光等诸多优点,同样它也具有自身的一些缺点,例如谐波含量大、流明系数低、可靠性低等。

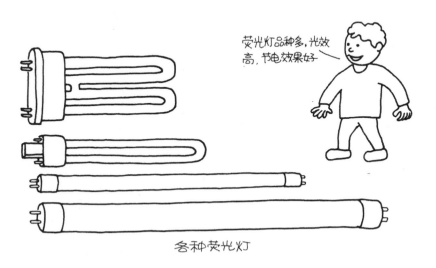

荧光灯品种多,光效高,节电效果好

各种荧光灯

节能灯

　　紧凑型荧光灯常常被称为节能灯,其英文名为 Compact Fluorescent Lamp,简称 CFL,它是由一个荧光灯和一个镇流器组合成的一个整体的照明设备。

　　节能灯由毛管、电子元件及灯头组成。毛管有 U 型、全螺型和半螺型这几种。节能灯管按照荧光粉划分为混合粉、卤粉、三基色。其中,卤粉的寿命在3000～4000 小时,混合粉的寿命在6000～10000 小时,三基色的寿命则在10000 小时以上。

　　节能灯的发光原理和荧光灯一样,它是利用电流激发水银成蒸气,利用气体放电的原理工作。节能灯的色温为 2700～6400 开,这样可以提供给用户更多的色温选择。

　　节能灯又可分为自镇流荧光灯和单端荧光灯。

　　自镇流荧光灯又称为电子节能灯,其自带镇流器、启动器和控制电路等。因为其自带的装置比较多,所以结构显得十分紧凑。但其电路一般都封闭在一个较小的外壳里,因此其外观尺寸并不显得十分庞大。组件中的控制电路以高频电子镇流器为主。这种一体化的自镇流荧光灯可直接取代传统的白炽灯,使用起来十分方便,可用于各种各样的场所。例如,家居照明、办公照明、工业照明、酒店照明和商场照明等。

　　单端荧光灯又叫 PL 插拔式节能灯管。实际上单端荧光灯就是单灯头低压汞蒸气放电灯,其依靠放电产生的紫外线激活荧光粉涂层而发出光线。它被广泛应用于各种专门设计的灯具中,借助于与灯具合成一体的控制电路,达到装饰和优化照明的目的。目前使用得较多的是单端两针式和单端四针式。除此之外,此类灯具对灯座的要求比较特殊和严格,因为灯座的正确选择直接关系到消费者在换灯管时的安全性和使用功能。

　　目前,我国有很多地区都实行节能灯补贴政策,那么节能灯究竟有什么好处呢?

　　节能灯的优点就是它的节能性,其使用寿命要比普通白炽灯长。普通白炽灯泡的额定寿命为 1000 小时,而节能灯的使用寿命却是白炽灯的 6～10 倍。

紧凑型荧光灯替代白炽灯的节能效果

普通照明 白炽灯(瓦)	紧凑型 荧光灯(瓦)	节约电力(瓦)	电费节省(%)
100	25	75	75
60	16	44	73
40	10	30	75
25	5	20	80

由于节能灯有较高的功率负载,而且又小巧美观,具有很好的装饰性,因此受到人们的欢迎。一体化节能灯的灯头规格及使用条件与普通灯泡相同,可以直接代替普通灯泡使用,其推广应用就很方便。可以说,节能灯综合了荧光灯节电、寿命长,以及白炽灯体积小、显色好且使用简便等优点。

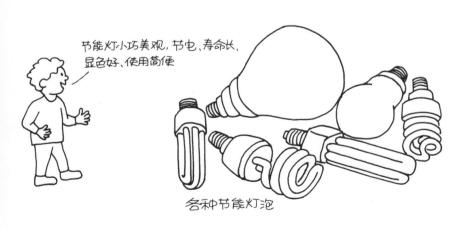

节能灯小巧美观,节电、寿命长、显色好、使用简便

各种节能灯泡

金卤灯

金卤灯这个名字并不广为人知。其实，在商场、体育馆、电影院、户外活动区域等都已经广泛使用了这种灯。随着科学技术的发展，如今的金卤灯已可以广泛应用于汽车领域中。其不仅可应用于豪华轿车上，也可以应用于中档次轿车和大型客车上，应用十分方便。而且，金卤灯已经被人们运用到了室内栽培的领域中，特别是一些需要高品质强光的植物，如蔬菜和花卉。该灯具有使用寿命长、显色性能好、亮度高、效率高等优点，因此在很多不同的使用条件下，人们都可以看到金卤灯的身影。

正因为如此，我国自 20 世纪 70 年代就开始发展金卤灯。在 90 年代初、中期，我国又从美国和韩国引进了 10 条金卤灯生产线，但是绝大多数生产线运作不是很好。到了 90 年代末期，多数厂家的生产线逐渐好转，并且产品质量也得到了提高。目前，我国在这一领域的研发实力已进入国际先进水平。

金卤灯，英文名为 Metal Halide Lamp，它是在水银和稀有金属的卤化物混合蒸气中产生电弧放电而发光的灯具。在金卤灯工作时，水银蒸发，电弧管内的水银蒸气气压达到几百万帕。卤化物也从管壁上蒸发，金属原子被激发电离，并辐射出特色谱线。当金属原子扩散返回管壁时，它们在靠近管壁的较冷区域内与卤原子相遇，并且重新结合生成卤化物分子。这样的循环过程不断地向电弧提供金属蒸气。

金卤灯有两种类型：一种是石英金卤灯，其电弧管泡壳是用石英做的；另一种是陶瓷金卤灯，它的电弧管泡壳是用半透明的氧化铝陶瓷做的。

在上述两种类型的金卤灯中，陶瓷金卤灯功能比较完善、性能也比较优越。虽然石英金卤灯具有金卤灯所共有的特点，即使用寿命长、显色性能好、亮度高等，但是它仍然存在诸多缺点，比如钠的渗漏会造成色温和光效的偏移、灯管所能承受的温度不足以使金属卤化物全部蒸发、壁负荷过高时易失透而造成鼓泡或炸裂等。而陶瓷金卤灯则不会出现以上的现象,这是因为半透明的氧化铝管的抗热冲击能力、导热能力和耐腐蚀能力都要比石英好,因此决定了陶瓷金卤灯在实际应用中具有更大的优势。

目前,金卤灯是世界上最优秀的电光源之一,它具有高光效(65～108 流明/瓦)、长寿命(7000～20000 小时)、显色性好($Ra=65$～95),以及结构紧凑、性能稳定等特点。金卤灯是属于高强度气体放电灯的一种,此外还有水银灯、低压钠灯和高压钠灯等。它既有这几种灯泡的优点,同时又克服了这些灯的缺陷。尤其是因为金卤灯具有光效高、寿命长、光色好的三大优点,使得其发展速度很快,用途也越来越广。金卤灯的高光效和长寿命等特点,可以减少工程中使用光源、电器和灯具的数量以及灯泡更换的次数,大大降低了整体成本。

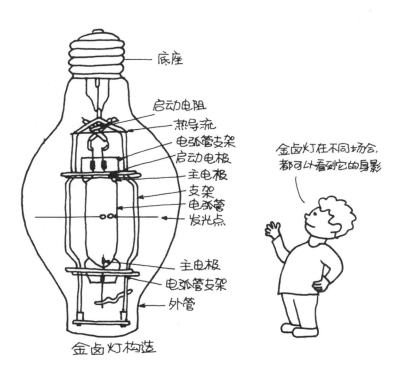

金卤灯构造

金卤灯在不同场合,都可以看到它的身影

❤ 氙气灯

氙气灯是指内部充满氙气，利用电弧所产生的光，用来照明的电灯，又称高强度放电式气体灯，英文简称为 HID（Intensity Discharge Lamp）。现阶段的氙气灯大多应用于激光器、投影仪（投影机）及汽车照明灯等。

氙气灯发明于 20 世纪 40 年代，氙气灯泡的光源是用包裹在石英管内的高压氙气替代传统的钨丝，以提供更高的亮度、更集中的照明。氙气灯也需要一个镇流器（安定器）来触发并维持内部的电弧。氙气灯的发光原理是利用高压脉冲的方式来激发石英管内部的气体而使其发光。举一个例子，在观看体育比赛回放的慢动作时，人们常常会看到灯光一闪一闪的。但是，当灯光以每秒几十次的频率闪烁时，我们的眼睛就无法辨认出它是在不停地闪烁，我们感觉到的就是灯是一直亮着的。和荧光灯充气原理一样，氙气与碘化物等气体充在抗紫外线水晶石英玻璃管内，经过镇流器的高压来激发石英管内的氙气，使其电子游离，在两电极之间发光。由氙气所产生的白色超强电弧光，可提供多种色温值，人们可以根据不同的色温值来选择所需要的光的颜色。色温值越高，光的穿透力就越弱，亮度也越低。一般车用氙气灯泡都选用 4200 K 或 4300 K 的色温值，其光色更接近于日光，亮度也不差，适合夜间使用。

说明：如果在普通车上配备 55 瓦卤素远光灯，只能发出 1500 流明的光；如果是一只功率为 35 瓦的氙气灯，则能发出高达 3200 流明的光。卤素灯是通过钨丝发热而使其发光的，钨丝在长时间的高温下容易损坏，一般使用寿命只有 200 小时，而如今，氙气灯的使用寿命已经可以达到 2000 小时。

氙气灯系统由灯泡、启动器、稳压器、水平调整装置和清洗装置组成。氙气灯的灯泡可以分为六种，即带透镜的远光灯泡、带透镜的近光灯泡、雾灯泡、远光灯泡、远近光灯泡和近光灯泡。目前，使用得较多的灯泡是 D2S 和 D2R。D2S 灯泡用于反射式前照灯，可实现近光照射。而 D2R 灯泡多用于反射式前照灯,且远近光均可实现。它们的工作电压一般为 85 伏,功率为 35 瓦;氙气灯的启动器利用蓄电池 12 伏或 24 伏的电压产生 30 千伏左右的启动电压,激发灯泡内的惰性气体,从而使惰性气体发生电离放电,使氙气灯启动;稳压器的作用是使氙气灯在启动之后,能够得到持续稳定的电压(85 伏)供应,从而使氙气灯处在恒定的功率环境下工作;水平调整装置可以自动调整灯光的高度,使灯光始终照亮路面;清洗装置主要是用来清洗灯类的污物,以免影响灯的性能。

　　氙气灯具有诸多优点。正如上面所描述的,氙气灯所发出的亮度要比卤光灯高 300％！因此,亮度高是氙气灯的第一大优点;其次,氙气灯具有超长的使用寿命,这是由氙气灯的发光原理所决定的。因为氙气灯是利用电子激发气体发光的,它不同于那些依靠钨丝来发光的灯具,所以氙气灯的使用寿命相对于那些灯具而言要长得多。当然,氙气灯还具有其他一些优点,比如节能性强、色温性好和使用安全等。即便如此,氙气灯也存在一些缺点。比如,氙气灯一般只能用于近光照明,在恶劣环境下使用时,其光线缺乏穿透力等。随着科学的进步,这些技术难题必将会被攻克,因此氙气灯仍然具有无可比拟的优势。

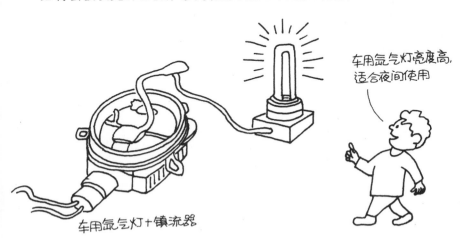

车用氙气灯亮度高,适合夜间使用

车用氙气灯+镇流器

✥ LED 灯

    LED 发展到现在,已经经历过了一段相当长的历史。从 1962 年 GE、Monsanto 和 IBM 联合实验室开发出可发出低光度红光的磷化镓半导体化合物开始。1965 年,全球第一款商用化的、可发出红外线的发光二极管诞生。1968 年,业界利用氮掺杂工艺得到了效率较高的 LED 灯,此时的 LED 灯不仅可以发出红光,还可以发出橙光和黄光。20 世纪 70 年代,LED 被广泛应用于家庭和办公设备中。到了 90 年代后期,业界利用蓝光激发 YAG 荧光粉产生了白光的 LED 灯。但色泽不均匀、使用寿命短。

    如今,LED 这个词经常可以看到。比如高亮度的 LED 手电筒、LED 电视、LED 显示器、LED 自行车灯等。那么,LED 灯和其他灯具相比较究竟有什么特别之处呢?

    LED,是英文名词 Light Emitting Diode 的缩写,其中文名是发光二极管。它是半导体固体放电光源。这种电子元件早在 1962 年就已经出现了。当时,它只能发出低光度的红光。后来,又发展出其他的单色光板。

    LED 灯是一种能够将电能转换为光能的半导体,它的工作原理不同于常见的白炽灯钨丝发光原理,也不同于节能灯的三基色粉发光原理。LED 灯是单方向导通的,因此只能往一个方向通电。当电流通过时,半导体芯片内电子与空穴的复合导致光子发射,因而产生发光效果。而不同的半导体材料所制成的 LED 灯,其发射光子的波长不同,因而发出的光线颜色也就各不相同了。LED 灯虽然是冷光源,但是它发光时所产生的热量并不少。随着发光源温度的升高,LED 灯的色温会慢慢变低(慢慢偏黄色),亮度也会渐渐变弱,甚至可能导致超出它所能承受的最高温度而被烧坏。所以对于 LED 灯来说,散热是十分必要的。一般是在 LED 灯的背面加上铝片散热器,以强化其散热功效。

　　LED 灯具有能耗低、寿命长、环保和应用广泛的特点。LED 灯的工作电压不高，在相同照明效果下，它比白炽灯节能 80% 以上。相比热发光和气体发光器件来说，LED 灯的工作寿命更长，其寿命通常可达 5 万小时以上，是白炽灯寿命的 10 倍。另外，由于 LED 灯发光技术非常环保，光谱中没有紫外线和红外线，因此其废弃物不会造成汞污染。目前，LED 灯已经被广泛用于生产、生活等各个方面。

　　除了上述所说的特点外，LED 灯还具有高亮度、低热量、坚固耐用、多变幻和技术先进的特点。因为 LED 灯所使用的发光技术是冷光发光技术，所以它所散发出的热量较其他灯具的少；又因为 LED 被完全封闭在环氧树脂里面，所以比其他灯具更加坚固耐用；LED 灯可以发出红、绿、蓝三种基色光，经过混合后可以得到各种各样的光，适用于各种各样的环境；LED 灯融合了多种"高、新、尖"技术，因此 LED 灯技术是一种先进的科学技术。

　　因此 LED 灯具有十分广阔的前景，我国也明确将它作为发展重点来建设。但我国的 LED 照明还存在一系列问题，首先缺乏国家 LED 灯具标准，其次是 LED 灯具造型创新设计能力不足。即便如此，LED 灯具在我国仍然有十分广阔的市场。

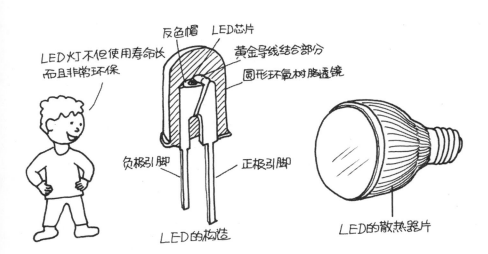

❧ 高压钠灯

在日常生活中,人们看到的道路和隧道灯、公共照明灯、投射灯、工业照明灯等,常常要求灯的亮度高、寿命长,而高压钠灯正好能满足这些要求。在百货商城、展览厅、餐厅里使用的,叫"高显色高压钠灯",这种灯色彩鲜艳又有较好的渲染效果。高显色高压钠灯还被应用于植物栽培过程中。

高压钠灯,英文名为 high pressure sodium-vapor lamp。钠是一种非常活泼的金属元素,容易与灯管内的铝棒发生反应。高压钠灯同样需要一个镇流器来协助工作。与高压钠灯配合工作的镇流器主要是电感性镇流器。电感性镇流器的特点是损耗小、阻抗稳定、阻抗性偏差小、使用寿命长,使用电感性镇流器的灯泡的稳定性比用其他镇流器的灯泡要好。和金卤灯的发光原理相似,高压钠灯在电弧的高温作用下使水银和钠蒸发,水银、钠蒸气在电流的作用下产生光。当高压钠灯的使用寿命接近终点时,一个称为"循环"点亮钠灯的过程会使得在电弧管内的钠减少(点亮过程中少量钠会与铝反应)。因此,高压钠灯刚开始发亮时电压都比较低,随着温度的升高,电弧管内的压强也会增大,这样便需要更高的电压来点亮管内的气体。当镇流器的电压提高到极限时,灯泡就无法再被点亮了。随之,灯泡的温度降下来,电弧管内的压强也减小。于是,镇流器再一次点亮灯泡。如此持续的"循环"过程,使得灯泡发出的光色由鲜艳的浅蓝白色慢慢变成橘红色,直到最后报废。

高压钠灯的结构主要包括:电弧管、灯芯、玻壳和灯头。电弧管是高压钠灯的重要结构,在高压钠灯工作时,所产生的高温高压的钠蒸气,具有极强的还原腐蚀性。因此在选用电弧管管体材料时,一定要选用耐强腐蚀的材料作为高压钠灯的管体。一般人们选用半透明的多晶氧化铝作为高压钠灯的管体,多晶氧化铝不仅具有耐强腐蚀的能力,而且还具有一定的光穿透性。电弧管是把电极、多晶氧化铝陶瓷管、帽、焊料环装在一起,加入钠汞齐进入封接炉封接,再充入少量的氙气用来提高启动特性；灯芯是采用金属支架将电弧管、消气剂环等固定在芯柱上,电弧管两端电极分别与芯柱上两根内导丝相连接；壳体是由硬料玻璃来充当材料,玻壳与灯芯的喇叭口要经过高温火焰熔融后封口,再对它进行抽真空处理；灯头的用途是使灯泡与灯座连接方便。

高压钠灯具有比金卤灯更高的发光效率,一般在 100～150 流明/瓦,而且还具有使用寿命长(一般在 2 万小时以上)、耗电少、光输出稳定等优点。

由上可知,高压钠灯具有诸多优点,应用范围也极其广泛。正因为如此,近几年来,使用高压钠灯取代高压卤灯的趋势越来越明显,同时人们也很注重小功率高显色高压钠灯的开发,由此可见,高压钠灯的市场前景是十分广阔的,有理由相信在不久的将来,高压钠灯的应用领域将会越来越广阔。特别是在现在,环境问题日益严重,使用寿命长的高压钠灯逐渐成为了环保的需要,所以发展高压钠灯具有十分重要的意义。

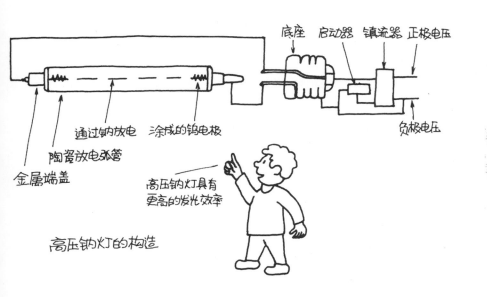

新型保温材料

🕊 节能玻璃

1. 节能玻璃的分类

节能玻璃是目前市场上常见的节能材料,按其性能可分为隔热型节能玻璃、遮阳型节能玻璃和吸热型节能玻璃。其中隔热型节能玻璃包括中空玻璃、真空玻璃等;遮阳型节能玻璃包括低辐射(LOW-E)玻璃、热反射镀膜玻璃等;吸热型节能玻璃则主要是指吸热玻璃。

根据不同的生产工艺,节能玻璃可分为一次制品和二次制品(经过二次加工的制品)。一次制品的节能玻璃主要有在线低辐射(LOW-E)玻璃、基体着色吸热玻璃、在线热反射镀膜玻璃等;二次制品的节能玻璃主要有中空玻璃、夹层玻璃、真空玻璃等。

根据不同的结构,节能玻璃可分为玻璃原片、表面覆膜、夹层和空腔四种结构类型。玻璃原片结构的节能玻璃有基体着色吸热玻璃、变色玻璃等;表面覆膜结构的节能玻璃有阳光控制镀膜玻璃、低辐射(LOW-E)玻璃、自洁净玻璃等;夹层结构的节能玻璃有普通夹层玻璃、夹丝电磁屏蔽玻璃等;空腔结构的节能玻璃有中空玻璃、真空玻璃等。

2. 玻璃的传热系数 K 值、遮阳系数 Sc 以及导热系数

传热系数 K 值表示在一定条件下热量通过玻璃在单位面积(平方米)、单位温差(K 或 ℃)、单位时间(秒)内所传递的热量,

单位为瓦/（平方米开）。K 值是玻璃的传导热、对流热和辐射热的函数，是 3 种热传递方式的综合体现。玻璃的 K 值越大，它的隔热能力就越差，通过玻璃的能量损失就越多。

遮阳系数 Sc 是相对于 3 毫米无色透明玻璃定义的，以 3 毫米无色透明玻璃的总太阳能透过率为 1（3 毫米无色透明玻璃的总太阳能透过率为 0.87），其他玻璃与其形成的相对值，即玻璃总太阳能透过率除以 0.87。

导热系数是指在稳定传热条件下，1 米厚的材料，两侧表面的温差为 1 开时，1 秒内通过 1 平方米面积所传递的热量，单位为瓦每米开。

3. 部分节能玻璃的原理

中空玻璃：在两片玻璃之间形成一定厚度的气体层，因气体层流动受限而减少了玻璃的对流传热和传导传热。（与真空玻璃类似，减小传热系数）

热反射玻璃：通过在玻璃表面镀上金属、非金属及其氧化物薄膜，使得玻璃具有一定的反射效果，从而阻止了大量的太阳辐射进入室内。

低辐射（LOW-E）玻璃：在优质浮法玻璃表面均匀地镀上特殊金属膜系，能够极大地降低玻璃表面的辐射性，提高玻璃的光谱选择性。

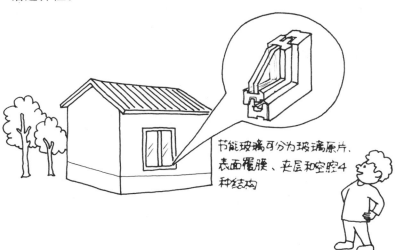

节能玻璃可分为玻璃原片、表面镀膜、夹层和空腔 4 种结构

❀ 玻璃幕墙隔热膜

玻璃幕墙作为一种美观新颖的墙体装饰方法,集建筑美学、建筑功能、建筑节能和建筑结构等优点于一体,已经广泛地被应用于高层建筑。目前,玻璃幕墙隔热膜也在不断发展。

玻璃隔热膜的制造可以追溯到 1960 年,人们研制出具有反射太阳辐射和吸热功能的隔热膜。随着技术工艺的发展,逐渐出现了不同颜色与不同功能的隔热膜,其隔热性、安全性等方面都给人们的生活带来了极大的方便。

玻璃幕墙隔热膜主要由聚酯基片(PET)构成,膜的一面镀有防划伤层(SR),另外一面安装了胶层及保护膜。聚酯基片具有耐久性强、高韧性、耐潮、耐高温和耐低温等优点。其原材料无色透明,经过染色、金属化镀层、磁控溅射、夹层合成等多种工艺处理,可以制成具有不同物理性质的膜,如热反射隔热膜、低反射隔热膜、高透光磁控溅射膜、低辐射(LOW-E)膜等。

玻璃幕墙隔热膜有隔热节能、抗紫外线、美观舒适、安全防爆这四大基本特性。它不仅能有效阻挡紫外线,还能有效减少墙体内外热量的交换,起到隔热的效果。相对于导热系数 1.1 瓦/(米开)的无膜纯玻璃而言,导热系数为0.3～0.4 瓦/(米开)的聚酯基片隔热膜能够减少六成以上的热量传递,同时,金属镀层还能够使墙体所接收的太阳能热辐射大大减弱。夏天能够大大降低外部热量进入室内,减少空调耗电;冬天能够有效地减少室内热量的损失,起到保温作用。

玻璃幕墙以其特殊的使用性与极佳的观赏性,正逐渐取代混凝土结构,成为现代高楼建筑材料的主体。与此同时,不同颜色的隔热膜还能让玻璃幕墙具有更多的选择空间。

另外,隔热膜能使玻璃的抗冲击能力大大增强,从而提高了玻璃幕墙的安全性能。首先,黏胶层和金属镀层提高了玻璃的刚性,将冲击力在表面化解;其次,隔热膜独有的叠层间相互滑动的微位移,缓解了大部分的冲力;再者,聚酯基片本身就是一种坚固、高韧性的弹性基材,能够抵抗外来的冲击。

玻璃幕墙作为节能建筑中的重要一员,它有着自身的优点,例如外观美、节能和结构坚固等,但它仍然有自身的不足,比较典型的缺陷有光污染严重等。随着科技的发展,人们对玻璃墙体结构的要求也变得更加严格,有越来越多的学者提出,目前的玻璃幕墙的热工设计,应该追求设计功能的主动性和积极性,变被动设防为主动利用能源的设计思想。也就是说,对于以采暖供热为主的幕墙应追求温室效应;而以空调制冷为主的幕墙应追求冷房效应。通过这样的处理,可以使幕墙大大地增加太阳能的利用率。因此发展玻璃幕墙隔热膜具有重大意义。首先它可增强玻璃幕墙的抗冲击能力;其次隔热膜可以在夏天时减少空调的电耗,而冬天时增加室内的保温效果;最后采用低辐射隔热膜还能减少玻璃幕墙的光污染。总的说来,发展玻璃幕墙隔热膜具有十分重要的战略意义。

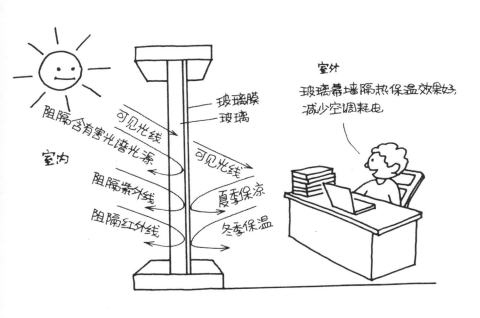

节能窗户

窗户是建筑物必不可少的组成部分。它是建筑物中可以开口和射入光线的围护结构,同时窗户也是建筑物的所有结构中冬天保暖和夏天隔热最薄弱的组成部分。通过窗户直接或间接损失的能耗约占建筑总能耗的 30%,因此节能窗户是实现建筑节能的重要手段和策略,对我国实现节能减排的目标具有重要的作用。

在考虑减少建筑能耗的过程中,节能窗户的正确选择必不可少。目前市场中常见的节能窗户很多,我们可以对其进行简单分类。从材料分类,节能窗户有铝合金断热型材、铝木复合型材、钢塑整体挤出型材、UPVC 塑料型材等多种材料类型。其中,使用较广的为 UPVC 塑料型材,其原料为高分子材料——硬质聚氯乙烯。从玻璃类型分类,可分为中空玻璃、镀膜玻璃、高强度低辐射防火玻璃和采用磁控真空溅射放射方法镀制含金属层的玻璃等。

衡量窗户是否节能有 3 个重要因素,分别为热量的对流、传导以及辐射。其中热量的对流是通过窗户之间的间隙促使冷热空气循环流动而导致热量流失;热传导则是由门窗使用的材料本身分子运动而进行的热量传递导致的热量流失;热量的辐射主要是以射线形式导致的能量损失。

传热系数是评价节能窗户好坏的重要指标,通常以 K 来表示,其含义是指在热稳定的条件下,结构两侧空气相差 1 ℃的时候,1 秒内通过 1 平方米的面积所传递的热量。如果要取得好的 K 值,有 5 个方面需要注意,分别为窗户的材质、型材系统、玻璃类型、五金和安装,其中的前三项是主要因素。

在材质方面,目前使用最多的是铝合金和 PVC 材质。铝合金导热系数是 PVC 的 1250 倍,如果要制成节能窗户,铝合金型材的价格较高,受气候影响较大,因此很多住宅项目偏向于使用 PVC 窗户。此外,铝合金的生产还带来巨大的能量消耗和大量二氧化碳的排放。因此总体而言,PVC 材质要优于铝合金材质。

在型材系统方面,可以通过增大窗户材料本身的隔热系数,以减少它们之间的间隙来改善窗户的保温效果。比如,塑钢窗通过焊接形成一个完整的窗体,这样就减少了冷热空气流动循环的间隙,使其隔冷、隔热和防水效果更加出色。

在玻璃类型的选择方面,应用较为广泛的是中空玻璃。目前,主要通过镀膜、中间充入气体、嵌入非金属隔热条等方式来提高其节能效果。

从上面的论述中可以看出,窗户既是能源得失的敏感部位,也是建筑物采光、通风、隔声和立面造型的关键部分。节能窗户的技术开发和研究工作目前正处于发展阶段,因此材料的保温隔热性能和窗户的密闭性将不断改进和提高。窗户材料正逐渐由木窗、铝合金窗发展为 PVC 塑窗。而窗户的结构与外形也在逐渐发生变化,例如阳台窗向落地推拉式发展、卫生间向既能通风又能防视线的通风窗方向发展、厨房窗则向长条窗发展等。由此可知,只有将高效节能的窗户材料与流行实用的窗体结构进行有效结合,才能使节能窗户具有更加广阔的发展空间。

节能窗户隔温、隔热、防水效果好

❧ 建筑外遮阳

遮阳系统在现代节能建筑中主要是通过调节光线来控制室内温度的。它既可以降低空调的使用率，也可以阻挡紫外线。同时，在内外视线隔开的情况下，又能做到透风、透气。在各种遮阳系统中，外遮阳系统在降低室内温度、调节室内亮光及热环境方面最为有效。

外遮阳系统通过遮阳设施对太阳辐射的反射和吸收，以减少到达建筑表面的太阳光线，从而实现建筑遮阳的效果。外遮阳是比较理想的建筑节能措施之一。遮阳设施通过反射将辐射热量传递给周围其他环境，同时通过自身升温，发出红外波辐射向周围放热，从而减少建筑物所接收的热量。

外遮阳系统可分为固定外遮阳系统和活动外遮阳系统。尽管外遮阳具有良好的节能效果，但也存在成本和建筑物美观等方面的问题。特别是对于固定外遮阳系统，由于其外形和样式固定，往往在建筑物设计初始阶段就需加以考虑。

固定的外遮阳系统主要有水平式遮阳构件、垂直式遮阳构件、综合式遮阳构件、挡板式遮阳构件和固定翻板外遮阳构件。

固定外遮阳系统类型及其适用范围

固定外遮阳系统类型	效果及适用范围
水平式遮阳构件	可以有效地挡住窗前上方的直射阳光，适用于夏季太阳高度角变化较大的地区，适用于南向以及南向稍偏东、南向稍偏西的窗户
垂直式遮阳构件	有效挡住太阳高度角较小、从窗侧斜射过来的直射阳光，主要适用于北向、东北向和西北向附近的窗户
综合式遮阳构件	由水平式和垂直式综合而成，可以有效地挡住窗前上方和窗侧斜射过来的直射阳光，主要适用于东南向与西南向附近的窗户

（续表）

固定外遮阳系统类型	效果及适用范围
挡板式遮阳构件	可以有效地挡住窗正前方直射的阳光、太阳高度角较小的直射阳光,主要适用于东向、西向附近窗户
固定翻板外遮阳构件	由金属材料制成,一般用于大面积外围护结构立面或顶面,也适用于大玻璃幕墙的遮阳和采光控制

　　活动外遮阳系统可以根据建筑功能的需求进行调节,主要有柔性活动外遮阳和刚性活动外遮阳两种。柔性活动外遮阳设施有遮阳篷、卷帘、卷闸门窗和外遮阳百叶等;刚性活动外遮阳主要是翻板外遮阳系统,其叶片形状有机翼型和平板型两种。通过合理的调节方式,可以最大限度地发挥活动外遮阳系统的优势。

外遮阳系统能降低室温

❧ 反射与保温涂料

1. 反射涂料

反射涂料是指可反射太阳光照射并达到调温效果的涂料，其中包括太阳能屏蔽涂料、太阳反射涂料、节能保温涂料和红外伪装降温涂料等。反射涂料的主要成分为成膜物质（主要为树脂）、分散介质、颜料、填料和助剂。

为了达到反射太阳辐射的效果，所选择的涂层树脂应该对可见光和近红外线的吸收较小，同时要求具有较高的透明度，以减少其对太阳能的吸收。由于反射涂料长期暴露在外部环境中，因此对所选材料的耐气候性能、耐污性能及保色性能等方面都有极高的要求。通常使用的涂层树脂有丙烯酸树脂、硅酮树脂、含氟树脂、环氧树脂等。

在分散介质的选择上，为了提高涂料的耐污性，人们常常使用适量硅溶胶与合成树脂乳液混合。一般来说，使用不同乳液并不会对涂膜的反射性造成显著的影响。

颜料和涂料主要用于提高反射性能。一般常用作填料的玻璃空心微珠，主要是光滑坚硬、结构致密的圆形或近似圆形空心玻璃体。这种玻璃体对各种液体介质几乎不吸收，能够很好地反射光热。而且，其密度小、导热系数小，具有良好的隔热性能，非常适用于做日光反射性绝热涂料的填料。

除原材料选择对涂层反射率有影响外，涂层的厚度也是一个重要因素。理论上说，热反射面涂层厚度越薄越好，一般常用的涂层厚度为 20～40 微米。

2. 保温涂料

保温涂料是利用低热导系数和高热阻来减少热量的转移，从而实现保温效果的涂料。其主要原料有特质溶液、纳米陶瓷空心颗粒、硅铝纤维及各种反射材料。保温涂料具有导热系数低、保温性能稳定、软化系数高、耐高温和耐低温,以及抗老化等特点。新型保温涂料采用柔软性抗裂技术,其各层材料的弹性模量变化指标相匹配,且逐层渐变,因此能够很好地分散和消解内部的张力,有效地防止了墙面裂缝的产生。新型保温涂料因具有良好的透气性、防水性和排解保温层水分等功能,从而保证了其实用性。与此同时,新型保温涂料还具有容易加工的特点,因此其成本也比较低。

保温涂料根据其绝热机理的不同,可分为阻隔性建筑保温涂料、反射性建筑保温涂料、辐射性建筑保温涂料,它们分别以热传导的 3 种方式(热传导、热对流和热辐射)来控制热量的流通。反射与保温涂料的使用,让建筑更节能,也更具其功能性。

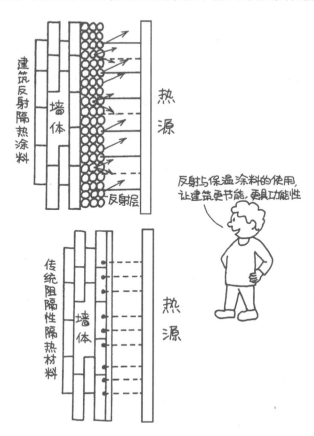

❤ 保温板

目前我国广泛应用于外墙外保温工程的保温板有两种,分别为聚苯乙烯保温板和聚氨酯保温板。

聚苯乙烯保温板是以聚苯乙烯树脂为原料,加上其他辅助材料与聚合物,通过加热并注入催化剂,然后塑性加工成型而生产出的硬质泡沫塑料板,简称 XPS,学名为绝热用挤塑聚苯乙烯泡沫塑料。XPS 的表面在加工过程中形成一层密实度高、强度高,以及不透水、不透气的均匀平整的硬膜。XPS 具有低热导系数、高抗压性、抗老化性等优点,同时拥有闭孔蜂窝结构,从而使其吸水性极低。XPS 是聚苯乙烯泡沫塑料板(简称聚苯板)中的一种,另一种为膨胀聚苯板(EPS)。相对 XPS 而言,EPS 的吸水率较大,比较容易吸水。并且随着吸水量的增加,EPS 的导热系数也会增加,从而导致 EPS 的保温效果变差。总的说来,两者的性能差别较大,前者的保温性能和强度较高。

在建筑保温隔热应用中,XPS 具有以下特点:

(1)非常好的保温隔热性能;

(2)憎水性好,吸水率低;

(3)质地轻,足够坚固,具有高抗压强度;

(4)性能稳定,受环境影响小。

XPS 使用范围广泛:可用于搭配钢结构厂房、薄钢板房屋与彩色波纹板;在冷冻库中用作隔热板,既隔热又防潮;铺设于路基下,起到缓冲和防冻胀作用;用于房屋保温防水等。

聚氨酯保温板实质是一种泡沫塑料,聚氨酯硬质泡沫塑料是一种具有闭孔结构的低密度微孔材料,它具有质轻、闭孔吸水率低、强度高、热导率小、隔热性能好、施工操作方便等特性。用它制成的保温板具有防潮、防水、隔热等优良性能。

聚氨酯保温板应用于各种建筑的保温隔热,它的导热系数低,相当于 EPS 的 50%,是目前所有保温材料中导热系数最低的。由于其结构稳定,在正常使用和维护的情况下,寿命能达 30 年以上。与其他传统保温材料相比,聚氨酯单价虽然比较高,但建筑物可以大幅度减少供暖和制冷的费用,因此综合成本将更低,也更具实用性。

新型保温板是用膨胀蛭石和一定剂量的粘合剂经过热压或是冷压而制成的板材。该板材具有耐高温、隔热、防火、隔音、绿色环保等特点,即使高温加热至 1200 ℃ 也不会产生危害人体健康的气体。蛭石板用途广泛,可用作家具、防火墙、吊顶,以及消防通道、钢梁包覆、管线包覆、墙的隔断等的原材料。

综上所述,随着科学技术的发展,各种各样的保温板陆续出现在市面上,这里面不仅包括传统的保温板,例如 XPS、EPS、菱镁保温板等,还包括一些新型的保温板,如上面所述的蛭石板。相对于传统保温板而言,无论是在性能上,还是在质量上都得到了很大的提升。如今出现的新型保温材料,逐渐往高性能、多功能和高质量的方向上发展。有理由相信,在不久的将来,保温材料将发展得更好、应用得更加广泛。

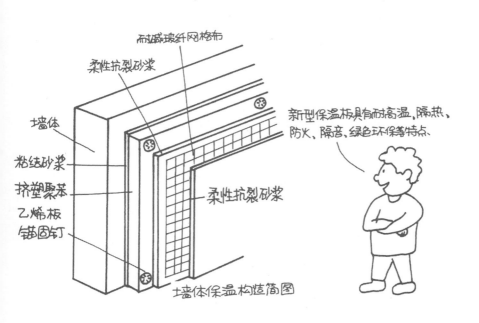

墙体保温构造简图

屋顶绿化

在城市化发展的过程中,屋顶绿化对增加城市的绿化面积、提高城市的空气质量等大有帮助。从广义上说,屋顶绿化可以理解为在各类建筑物上种植花草树木,建造屋顶花园。

屋顶绿化能改善城市的生活环境。绿色植物的增加,有助于减少大气浮尘,增加空气湿度,缓解城市内的热岛效应,改善城市的空气质量,还有助于减弱城市噪声。种植在建筑物上的绿色植物,可以防止屋顶温度过高,起到隔热节能的效果,从而改善人们的家居环境。在屋顶绿化过程中,我们可以考虑种植果蔬,甚至还可以设计一些简单的休闲娱乐设施。

人们建造屋顶花园的历史,可以追溯到公元前 2000 年幼发拉底河下游的古苏美尔人所建的"大庙塔"。公元前 600 年左右建造的古巴比伦"空中花园"更是体现了古巴比伦人超凡的智慧和卓越的园林艺术才能。在 20 世纪 60 年代后期,西方国家相继建造各种规模的屋顶花园和屋顶绿化工程。其中,有美国华盛顿水门饭店的屋顶花园、美国标准石油公司的屋顶花园、英国爱尔兰人寿中心的屋顶花园等,各式各样的屋顶花园,形成了现代建筑史上一道绮丽的风景线。

我国自 20 世纪 60 年代起,才开始研究屋顶花园和屋顶绿化的现代建造技术。改革开放后,随着社会经济的不断发展,屋顶绿化的建造,才真正被纳入城市的建设规划中。目前,我国的屋顶绿化建造已卓有成效,以北京为例,不同时期建造的屋顶绿化到目前为止已有几百余处了,面积约 60 万平方米。可以预见,城市的屋顶绿化将进入一个蓬勃发展期。

从屋顶绿化的技术发展来看,无土栽培在屋顶绿化方面优势更加明显。首先,无土基质载体厚度仅 3～5 厘米,每平方米承载小于 40 千克,不会对屋顶的安全及其寿命造成影响。第二,无土基质不含有害物质,干净又环保,不会造成二次污染。第三,无土基质质地疏松,排水性好,保水又保肥,而且施工方便,维护简单,具有持久性与可循环性。

　　屋顶绿化的养护需要根据所种植的植物种类来定,人们可以选择合适的植物来进行屋顶绿化,比如,目前有一种屋顶绿化的专用草叫针叶佛甲草。可以想象,屋顶绿化还将给我们带来美好的视觉享受。

　　不仅如此,在喧嚣的、快节奏生活的城市中,通过在屋顶种植花、果和蔬菜,我们还可以享受到悠闲、宁静和舒适的情趣。总的说来,屋顶绿化不仅给人们带来了诸多益处与方便,而且还给人们带来了心灵的栖息净化之地,所以发展屋顶绿化成为了城市发展的必然趋势。

屋顶绿化给我们带来美好的"春意"感受

新 型 空 调

变频空调

在介绍变频空调之前,我们首先要了解一下空调的工作原理。一般的空调都具有"一头冷"、"一头热"的特点。在它工作时,利用设备内部的制冷剂的循环来实现热量的传递。低温低压的制冷剂液体在蒸发器内吸收空气中的热量变为气体,而后经过压缩机被压缩成高温高压的气体。在气体经过冷凝器时,向空气中放热,温度降低凝结成液体从冷凝器排出,随后高压制冷剂液体在膨胀阀内自然膨胀而重新变回低温低压的液体。由于蒸发器位于室内,冷凝器位于室外,因此在这个循环过程中,制冷剂把室内空气的热量传到了室外的空气中,实现了制冷循环。如果需要制热,只要使冷凝剂逆向流动即可。在这个热循环过程中,实现了热量的逆温差传递(即热量从低温空气传到了高温空气中),因此需要消耗额外的能量。通常情况下,空调工作时消耗的是电能,其中的压缩机是空调中的耗电"大户"。

普通空调(定频)直接采用 220 伏、50 赫的交流电驱动压缩机,压缩机的转速不会变化,因此空调的制冷量是固定的。当室内温度高于设定温度时,压缩机开始工作,使室内温度降低;当室内温度低于设定温度时,压缩机停止工作,室内温度回升;当室内温度再一次高于设定温度时,压缩机又重复这一过程。因此为了使室温保持恒定,需要频繁启动压缩机,这样做不仅耗电多,还会损害压缩机的使用寿命。

变频空调分为交流变频和直流变频两种,它们是相对于普通空调而言的。其中,交流变频空调通过电压转换,使交流电的频率可变,这样压缩机可以根据需要来调节转速。因此,交流变频空调只需改变其转速即可调节室温,不再需要频繁启停压缩机。在达到设定温度后,压缩机只要低速运行就可以保持室内温度了。这样做不仅减少了耗电,还使室内温度波动小、调温更加迅速。与交流变频空调相比,直流变频空调控制压缩机的方式不同。直流变频空调实际上并没有改变压缩机的用电频率,而是将交流电转变为直流电,通过直流电压大小来控制压缩机的工作速度,控制其制冷量。因而,直流变频空调比交流变频机组更为节能。

变频空调较传统空调有更多的优点。首先,变频空调的压缩机可实现小功率运行,这不仅有利于空调的节能,而且还能减少压缩机的机械损耗;其次,使用变频空调可使室内的温度波动小,这是由变频空调的工作原理决定的;再则,变频空调可实现低频启动,对电网冲击小;总之,变频空调对电能的利用效率高。

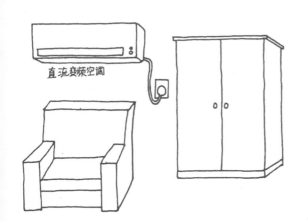

直流变频空调

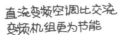
直流变频空调比交流变频机组更为节能

❧ 地源热泵空调

目前,地热资源在新能源中的应用潜力非常巨大。因为地表以下一定深度的土壤温度不会随季节而变化,所以夏天的时候,地表以下一定深度的土壤温度比空气温度低;冬天的时候,它又比空气温度高。一般情况下,地下 10 米处土壤温度全年保持在 15～18 ℃,地下 50 米处土壤温度全年保持在 17～19 ℃,因此地热资源非常适合在不同的季节用来制冷或制热。

利用地热资源的空调叫地源热泵空调。它与普通空调的不同之处是,地源热泵空调中除了制冷剂的循环过程之外,还有一个水路循环。水路循环主要是利用地表以下恒温的水或土壤来冷却系统循环中的制冷剂,并且为用户提供一定温度的热水。制冷循环和水路循环在蒸发器处相交,制冷剂热量被温度较低的循环水带走。因而地源热泵空调并不需要夏天用来吹热风的室外机。

在夏天需要制冷时,地下水温低于空气温度。通过循环水路和换热器,温度较低的地下水吸收制冷剂的热量,就实现了热量从室内空气到地下恒温水的传递。由于夏天一般不需要热水,因此吸热后温度较高的水再次被送到地下降温。冬天需要制热时,地下水温高于空气温度,制冷剂就吸收温度相对较高的地下水的热量,送到室内供热。与普通空调相比,地源热泵空调不仅节能、污染小,而且实际制冷、制热的效率高,运行效率比传统空调高 30％以上,其使用寿命也更长,一般可达 20 年以上。不仅如此,与传统普通的空调相比,地源热泵空调的末端温度也要高出许多,例如氟利昂空调的末端温度一般为 4～7 ℃,而地源热泵空调的末端温度可以达到 7～12 ℃。

通过上面的论述可以看出,地源热泵空调有着无可比拟的优势。

第一,地源热泵空调的运行不受外界环境的影响,即使是在极其恶劣的环境下,地源热泵空调也可以保持高效运行。这一优势是普通空调无法做到的。

第二,地源热泵空调的运行无需室外机的辅助,因此避免了室外温度对空调的影响,降低了噪声,让建筑物的外观更美。

第三,由于地源热泵的运行不需要辅助燃料,特别是煤炭和化石燃料,因此降低了污染废弃物的排放,避免了因管道的输送和储存所带来的安全隐患。

第四,地源热泵机组工况稳定、部件较少、运行简单,故可实现无人值守和低成本的维修费用。

第五,地源热泵空调所利用的是地下深层的地热,不涉及化石能源的燃烧和使用,所以它是一种十分高效的节能技术。

我国大部分地区处于温带,地热资源非常丰富,因此推广利用地热资源是缓解现今能源短缺问题的方法之一。

地源热泵系统示意图

❧ VRV 中央空调

中央空调一般用于酒店、办公楼等大型建筑,通过一台主机整体化、智能化地去综合控制不同房间的温度。中央空调的优点是舒适性好、装饰性好、操作简单且自动运行。

VRV 系统(Varied Refrigerant Volume,简称 VRV)就是变制冷剂流量系统。它的组成结构由三部分构成,即室外主机、室内机、冷媒管线和控制部分。其中室外主机是 VRV 系统的关键部分,主要包括压缩机、换热器和节流装置等。而室内机是 VRV 系统的末端装置部分,由直接蒸发式换热器和风机组成,这与我们常见的分体空调室内机的原理完全相同。

传统的中央空调中有制冷剂和载冷剂,它先通过制冷剂与载冷剂(通常为水)换热,然后载冷剂再与空气换热;而 VRV 中央空调则用制冷剂直接与空气换热,这样做可以减少一次换热过程,以提高换热效率。VRV 中央空调还能监测各个房间的制冷或制热负荷,通过调整各个房间的制冷剂流量来调整负荷并实现效率的最大化。这个过程主要是通过调整 VRV 中央空调的一个室外机与多个室内机之间的制冷剂循环来实现的。其室外机由室外侧换热器、压缩机等组成,室内机由直接蒸发式换热器和风机等组成,一台室外机向多个室内机输送制冷剂,通过控制室内机的制冷剂流量,就可以实现"可变制冷剂流量控制"。

在智能化方面,VRV 中央空调还可以实现"日常管理"、"节能管理"、"新风管理"和"连锁控制"的功能。"日常管理"是指建筑物内可以对不同部分实行独立的精确的开关时间设定,满足实际使用时的各种需要。"节能管理"是指可以根据需要关闭一些非重要区域的空调。"新风管理"就是感知室内和室外的温差,当室外温度低于室内时,自动关闭空调主机,启用自然通风的功能,这样就可以减少不必要的电能浪费。"连锁控制"是指室内照明、门锁与空调的联动,它可以实现用户关灯或出门时中央空调自动关闭的功能,这样做不仅环保节能,而且更加方便实用。

VRV中央空调具有很多的优点。从上面介绍中,可以看出这些优点主要包括:设计安装方便、布置灵活多变、使用方便、安全可靠、运行费用低、无水系统及占地面积小等。虽然如此,但它仍然存在一些缺陷,主要体现在制冷剂的泄漏方面。在VRV中央空调系统中,只要出现制冷剂泄漏现象,都需要做大量的排查工作,而且排查起来比较困难。倘若排查不出来或不排查,那么就需要不断地往空调系统中添加制冷剂来维持它的正常运行。

随着科学技术的发展,VRV中央空调在效率和智能化上都有提升,能在保证用户舒适度的前提下最大程度地节约用电、节省运行成本。自1982年大金集团首次推出VRV中央空调系统后,VRV中央空调系统得到飞速的发展。到目前为止,相继VRV中央空调系统后,又研发出了VRVⅢ系统、SUPER VRVⅢ系统和VRV–CMS系统。VRV中央空调适合在酒店、办公楼等公共场所使用,具有广泛的应用前景。

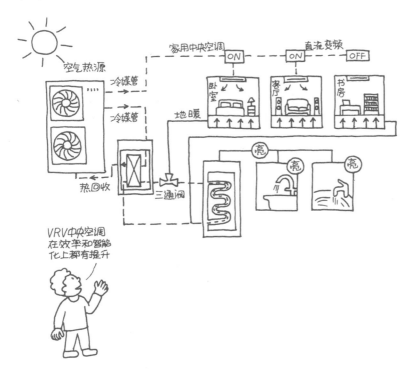

冰蓄冷空调

冰蓄冷空调的名字听起来很新颖,其实它的工作原理并不复杂,就是在夜间利用用电低谷时的电能制冰,在白天用冰来制冷。冰蓄冷技术实际上是一种储能方法。由于电网的白天和夜间负载相差很大,因此在夜间用电低谷时把电能储存起来,以供白天用电高峰时使用,这样就可以有效地减少电网高峰的负荷,保证供电安全。从经济性的角度来考虑,电网高峰时的电费往往是低谷时的数倍,因此这样的储能方法也能节约成本。实际上,冰蓄冷空调在白天并非完全用冰来制冷,而是用冰来辅助制冷,这种方法很适合用在中央空调中。冰蓄冷空调与同等制冷量的普通空调相比,其制冷主机的容量更小,设备的投资费用更少,其运行成本也比普通空调低很多。对电网来说,它起到了很好的"削峰填谷"的作用,因此推广冰蓄冷空调不仅可以有效地降低用电高峰时的用电负荷,还能够减缓发电厂供配电设施的建设压力。

冰蓄冷技术通常用在中央空调中。在大型建筑物内,昼夜用电的电费差值更大,因此使用冰蓄冷中央空调的收益也会更明显。在用电低谷时,制冰量可以在一定范围内调节,因此冰蓄冷中央空调的使用面积可以在一定范围内变化,这使得它尤其适合用在一些用电负荷变化较大的场合,如体育馆、音乐厅等。由于冰蓄冷中央空调对用电高峰和低谷时的用电比例可以灵活调节,因此它可以更容易找到一个最优比例,在满足用户使用需求的前提下可以节省很多电费。

冰蓄冷中央空调系统主要由基载主机、双工况主机、蓄冰罐、板式换热器、电动阀、冷却塔和冷却水泵组成,它的运行工况又包括五种。第一种,蓄冷工况。在蓄冷工况中由基载主机提供制冷量给蓄冰罐进行制冷蓄冰。第二种,双工况,边蓄边供。此工况供冷效率极低,比较少用。第三种,双工况,直供。在此工况下,首先由基载主机供冷,不够时再由双工况主机提供。第四种,联合供冷。该工况的供冷方式是:首先由基载主机供冷,一旦供冷不足,再由蓄冰罐融冰和双工况主机供冷。第五种,蓄冰罐融冰释放冷能进行供冷。在这种工况下,双工况主机停止工作。

综上所述,冰蓄冷空调技术具有诸多特点。现将这些特点详细罗列如下：

（1）移峰填谷,平衡电力负荷。具体地说就是,冰蓄冷空调不仅可以利用电谷进行电力蓄冰,而且还可以在电峰时释放冷能,从而实现降低在电网处于峰谷时的负荷。

（2）可通过增加发电设备的利用率来减少发电机组的装机容量。

（3）可通过减少停机、开机次数来延长制冷机组的寿命和运行效率。

（4）可通过改善发电机组效率间接减少环境污染。

（5）减小了制冷设备的装机容量和功率。

（6）可通过合理利用电网分时电价来降低空调的运行费用。

虽然冰蓄冷空调系统一次性投资比普通空调高一些,但由于电网峰谷电价的差价很大,因此其运行成本从长远来看还是会低很多,一般情况下,在2～3年内即可收回所增加的投资成本。

通过上面的介绍可以看出,冰蓄冷空调具有极其广泛的应用前景,特别是对于我国具有重要的战略意义。

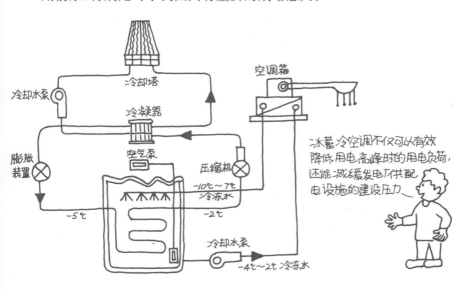

冰蓄冷空调不仅可以有效降低用电高峰时的用电负荷,还能减缓发电、供配电设施的建设压力。

走进能源

新型用电设备

🕊 高效电机

电动机是一种旋转式原动机,它利用通电线圈在磁场中受力的原理,把电能转化为机械能。电动机结构由旋转的转子和固定不动的定子所组成,一般转子为受力线圈,定子为产生磁场的线圈。利用定子磁场的变化,就可以控制转子以恒定速度旋转。电动机输入功率与输出功率的比值就是电动机的效率,效率越高,电动机的节能效果也就越好。关于电机的节能是一项系统工程,要从电机的整个寿命周期考虑,它涉及电动机的全寿命周期。

电动机在国民经济的各行各业中应用极为广泛,几乎所有用电产生动力的设备中都有电动机。在用电方面,电动机耗电占全国总用电量的 60%,因此提高电动机的效率会带来能源方面的巨大效益。我国的《中小型三相异步电动机能效限定值及能效等级》标准中将电动机按效率分为 3 级。其中,1 级为超高效电动机,2 级为高效电动机,3 级为普通电动机。目前,我国市场上普通电动机的占有率为 90%,高效电动机的占有率为 10%,超高效电动机的占有率则极低,与发达国家相比有着明显的差距。有计算表明,如果将所有电动机效率提高 5%,则全国可节约电量将接近于三峡水电站 2008 年全年的发电量。由此可见,提高电动机效率的重要性是不言而喻的。因此,国家不断出台新的政策来加速推广高效电动机的应用。

目前,提高电动机效率的措施主要有降低绕组损耗、降低铁损、降低转子损耗等。这些措施可以有效地降低电能的损耗,使电动机效率提高 2%~8%。另外,利用变频调速等技术,也能提高电动机的效率,而且节能效果更为显著。变频是指根据需要来改变电动机的工作频率(即调节电动机转速),从而改变电动机功率,节约用电。因此,它主要用于负载变化的场合,并且负载变化越大,使用变频技术的节能效果就越显著。

综上所述,可见高效节能电机的发展对于我国经济、工业和科技的发展具有非常重要的战略意义。近几年来,随着科学技术的发展和国家节能减排政策的深入实施,我国的电机正在由单纯追求电机的高效率向系统运行的高效率转变。这些变化不仅表现在业界的产量上,还表现在不断壮大的市场规模上。在过去的几年里,中小型高效节能电机得到了很好的发展。有数据显示,在 2007~2011 年,中小型节能高效电机市场规模年均增长率高达 50.8%。并且有专家预计,在 2012~2016 年中小型高效节能电机的增长率将达到 69.4%。通过这些我们可以看出,在未来的几年里高效节能电机仍然具有十分可观的发展前景,特别是中小型高效节能电机。

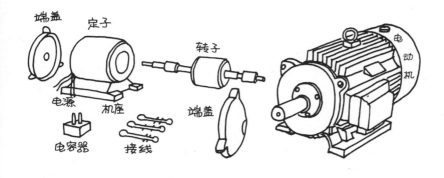

高效变压器

变压器是利用电磁互感原理制成的变换电压、电流和阻抗的器件。变压器一般包含多个铁芯和绕组，用以产生需要的电压比。变压器分布在电网传输和使用的各个节点上。变压器的效率是指其输出功率与输入功率的比值，它是由变压器工作时所产生的损耗引起的。变压器工作时线圈电阻引起的损耗叫"铜损"，它是由导线电阻发热而产生的损耗。铜损的损失一般并不大，而且也无法避免。变压器工作时铁芯会由于涡流和磁滞损耗而多消耗电能的现象称为"铁损"，也叫空载损耗。铁损是变压器工作时电能的主要损耗。

降低铁损主要是通过应用非晶合金变压器来实现的。非晶合金是相对于普通金属而言的，它的不同之处在于其原子排列不是规则的，非晶合金有很好的磁性能，非晶态铁基合金的磁化和消磁比普通磁性材料要快很多，它具有高饱和磁感应强度和低损耗的特点，其电阻率也要高很多，因此用非晶合金来做变压器的铁芯，它的铁损比一般变压器低 75％ 左右。非晶合金是通过超冷却技术将液态金属急速冷却而制成的。这是因为熔化的金属在冷却过程中，原子会慢慢按一定的规律有序地排列而形成晶体。如果冷却过程很快，原子来不及重新排列就被凝固住了，那么这种金属就有了不同的物理性质。

非晶合金变压器的容量一般不大于 2500 千伏安，但是 2002 年日本制造出了最大的非晶合金变压器，其容量可以达到 5000 千伏安，并且已投入电网中运营。非晶合金变压器可以分为：非晶合金油浸式变压器、非晶合金组合式变压器、非晶合金地埋式变压器、非晶合金预装式变压器、非晶合金干式变压器、非晶合金单项配电式变压器和非晶合金农用配电式变压器。上面罗列的各种非晶合金变压器中，值得一提的是，非晶合金地埋式变压器。顾名思义，非晶合金地埋式变压器就是将非晶合金变压器埋入地下。为达到这样的目的，需要将非晶合金变压器的油箱设计成全密封结构,这还远远不够,其还需要具有耐腐蚀及防进水的特性。在城市中使用非晶合金地埋式变压器,不仅可以改善城市的整体景观,而且还可以减小它在城市中的占地面积,使宝贵的土地面积得到更多的有价值的使用。

目前,非晶合金变压器在国内电网中的比例还很低。在我国10千伏配电领域,非晶合金变压器仅占 1.2%。我国是农业大国,农村电网中的季节性负荷特点十分显著,低负荷或空载运行的变压器非常多。有数据显示,我国农村电网的配电变压器损耗占农村配电网损耗的 60%~70%。非晶合金变压器作为一种高效变压器,有着空载损耗低的优点,在实际应用中可以大大降低配电变压器的电能损耗,从而节省大量的电能。进一步推广使用非晶合金变压器,必将带来非常高的节能、环保和经济效益。

通过上面的一些论述,我们可以很明显地看出,非晶合金变压器具有很多传统变压器所不能具有的特质。例如超低的耗损,这不仅有利于节约能源,也延长了它的使用寿命和用电效率;高超载能力和高机械能力也是它所具有的特点;投资回收效率也较传统变压器要高很多等,所有的这些特质,都决定了非晶合金变压器具有十分广泛的应用前景。

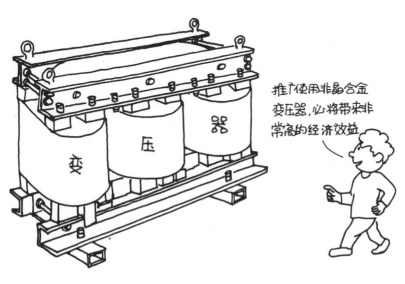

推广使用非晶合金变压器,必将带来非常高的经济效益

 # 新型能源管理政策与机制

强制性能源管理机制

各国一起来减排——《京都议定书》

2005 年 2 月 16 日,《京都议定书》正式生效。这是人类历史上首次以法规形式限制温室气体排放。《京都议定书》全称为《联合国气候变化框架公约的京都议定书》,是《联合国气候变化框架公约》的补充条款,是由联合国气候变化框架公约参加国第三次会议于 1997 年 12 月在日本京都制定的国际性公约,其目标是"将大气中的温室气体含量稳定在一个适当的水平,进而防止剧烈的气候改变对人类造成伤害"。《京都议定书》规定了各国的二氧化碳排放量标准,计划在 2008 年至 2012 年间,全球主要工业国家的工业二氧化碳排放量比 1990 年的排放量平均降低 5.2%。

《京都议定书》遵循《联合国气候变化框架公约》制定的"共同但有区别的责任"原则,要求温室气体排放大户的发达国家采取具体措施限制温室气体排放,从 2005 年开始承担减少碳排放量的义务,而发展中国家不承担有法律约束力的温室气体限控义务,但从 2012 年开始也要承担减排义务。

《京都议定书》建立了旨在实现减排目标的 3 个灵活合作机制:

(1) 国际排放贸易机制(简称 ET)。两个发达国家之间可以进行碳排放额度的买卖,也就是说,难以完成减排任务的国家,可以花钱从超额完成任务的国家手中购买其超额完成的部分。

(2) 联合履行机制(简称 JI)。内部的许多国家可视为一个整体,采取有的国家削减、有的国家增加的方法,在总体上完成规定完成的减排任务。

(3) 清洁发展机制(简称CDM)。允许发达国家通过碳交易市场等方式灵活完成减排任务,而发展中国家可以获得相关的技术和资金支持。

但是,《京都议定书》制定后并没有得到各国的积极响应。例如,虽然普京在2004年签署了协议,但是俄罗斯政府坚决反对承担《京都议定书》里第二承诺期的责任;美国虽然在1997年也签署了这份协议,但由于没能在美国参议院通过,而使美国成为最早退出《京都议定书》的国家;日本也是《京都议定书》第二承诺期的坚决反对者;加拿大不仅是第二承诺期的坚决反对者,还在2011年正式退出了《京都议定书》;澳大利亚是最后签署《京都议定书》的国家;而我国在1998年就签署了《京都议定书》,并于2005年正式生效。

给碳排放总量定上限——碳排放总量控制与交易

碳排放总量控制是碳排放权交易的基础。早在 1986 年,日本学者就提出了采用环境容量的办法来控制污染排放物的总量。环境容量是指在人类能正常地生存和自然系统不致受害的前提下,某一环境所能承受排放污染物的最大负荷量。而如今,通过碳排放总量控制制度可将环境容量放到经济的领域上来看待,使它成为了一种稀缺的环境资源,也可以说是市场上的一种商品。由此可通过市场的有效配置,来实现环境的优化配置。

充分利用市场机制来提高能源利用效率、降低能源消费速度、减少温室气体排放,已成为世界各国研究的热点。市场机制已经并将继续在全球碳减排事业中承担重要角色。碳排放总量控制和交易制度已经在欧盟、美国和新西兰等国家实行了。而我国根据经济发展的状况和各区域大气质量的现状,通过综合地考虑和科学地分析,制定出了全国各地的碳排放总量,并且将它分配到各个省份中。然后,各个省级的环境主管部门,再根据各自的实际情况和政府给予的排放目标,将碳排放量再分配到各个县市中,通过这样上一级管理下一级的形式,最后将碳排放量分配到各企事业单位。"十二五"期间,北京、重庆、上海、天津、湖北和广东六省市将开展碳交易试点工作。从中长期看,建立国内碳交易市场及其配套保障是实现节能减排目标的有效手段。

排放总量控制共有三种类型,它们分别是:目标总量控制、容量总量控制和行业总量控制。目前,我国碳排放总量控制就属于目标总量控制。

下面介绍一种基于市场机制的制度,无需在二级市场交易,而且配额对象仅包括电力部门。

(1)政策制定部门对电力部门设定限额。许可证的总供给量不能超过总量限额。

（2）许可证的价格由政府部门确定。政府部门及时评审电力消费趋势，按照需求不超过总量限额的目标定期调整许可证的价格（例如每月一次）。许可证的定价可以对所有的用电量和用户一视同仁，也可以针对不同用户类型，按照不同季节或用电时间有所调整。

（3）从许可证销售中获得收入，重新投入到能效项目或能效电厂项目中。

（4）定期检验、更新、完善制度和政策规定。

美国太平洋西北地区区域温室气体减排项目的顺利实施是这一制度最成功的国际经验。美国共有 10 个州参与了该项目，同意拍卖绝大部分排放指标（即排放许可证），通过拍卖这些指标，各州所获得的收入再重新投入到能效及其他温室气体减排项目中。每个州可以自己决定拍卖 60％～100％的排放指标，可将拍卖收入经费的 74％用于能效和清洁能源项目。可见该项目产生的温室气体减排量大部分都归功于这些直接投资。

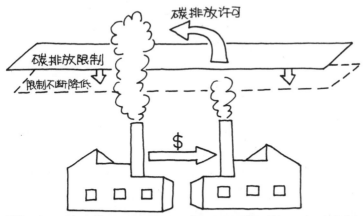

碳排放超限额的单位需购买指标、碳排放小于限额的单位可以卖出多余指标

利用市场机制促进提高能源利用效率

🕊 节能环保标准不断提升——节能领跑者计划

经过二次石油危机后,日本逐渐认识到合理使用能源的重要性,迅速开展节能工作,并于 1979 年制定了《合理使用能源法》(《节能法》)。从此,日本建立了世界上能源效率最高的工业系统,成为节能工作做得最出色的国家之一。然而,随着经济和社会的发展,日本在居民、商业和交通领域中的能源消耗快速增长。于是日本在 1999 年 4 月对《节能法》进行了修改,补充规定了电冰箱、空调及载客车辆的能源利用效率标准。并制定了"领跑者计划",提高了制造商生产节能型的交通运输车辆和家用电器的积极性,取得了良好的节能效果。

目前,国际上判断设备(产品)能效标准的系统主要有三种:一是最小标准值系统。系统包含的所有设备的能效必须超过标准值。二是平均标准值系统。系统包含的所有设备的平均能效必须超过标准值。三是最大标准值系统。系统数值设定基于市场上能源效率最高的设备(产品)。

目前世界上最流行的是最小标准值系统,如果某个产品没有达到标准值,可以采取相应的处罚措施,如中止货运、禁止出售等。它的缺点是必须对所有产品建立能效标准,建立标准体系所花费的时间长。平均标准值系统能推动制造商自愿地参与到节能活动中,只要制造商所销售的所有产品达到能效的平均值即可,但缺点是在供应高能效产品的同时,还可以继续出售低能效产品,以获得最大的利润。最大标准值系统参照市场现有的能效最高的产品,参考目标规定期限内可能实行的技术改进,最后设定目标标准值。目标标准值的要求非常高,制造商可以通过出售不同能效的产品并加权平均的方法达到目标值。这样的系统有利于激励制造商更多地开发高能效产品。

由于制造商和有关单位的努力,列入目录的产品都达到了目标能效标准,技术改进水平超过预期。(产品能效变化见下表)

节能领跑者计划实施效果

产品目录	能效改进（目标值）	能效改进（实现值）
电视机	16.4%（FY1997～FY2003）	25.7%
录像机	58.7%（FY1997～FY2003）	73.6%
空调	66.1%（FY1997～FY2004 年冬）	67.8%
电冰箱	30.5%（FY1998～FY2004）	55.2%
电冷藏柜	22.9%（FY1998～FY2004）	29.6%
汽油用车	23.0%（FY1995～FY2010）	22.0%（FY1995～FY2004）

从上表可以看出，节能领跑者计划所涵盖的范围仍然很小，而现实中有很多行业很多产品是很有必要列入这一计划中去的。但这只是实施节能领跑者计划的初始阶段，相信在不久的将来，随着各种产品能效标准的逐步建立，它对节能减排事业的贡献将会越来越显著。

这些产品都达到了目标能效标准，技术改进水平超过预期

彻底摸清企业用能情况——能源审计

能源审计是指用能单位或委托从事能源审计的单位,根据国家现行的节能法规和标准,对企、事业单位能源的消耗过程进行检测、核查、分析和评价的活动,是一种加强能源科学管理和节约能源的有效方法和手段。

能源审计分为三种类型:初步能源审计、全面能源审计和专项能源审计。

初步能源审计的要求比较简单,只要通过对现场和现有历史统计资料的了解和对能源使用情况作一般性的调查即可。因此审计所花费的时间比较短,一般为1～2天。其审计内容包括三个方面:一是对用能单位的主要用能设备进行审计,掌握其总体基本情况;二是对用能单位的能源管理进行审计,了解其主要节能管理措施,查找管理上的薄弱环节;三是对用能单位能源统计数据进行审计,重点是对主要耗能设备与系统的能耗指标进行审计,若有数据不合理,则需要在全面审计时进行必要的测试,得到可靠的基本数据,再进一步分析查找设备运转中的问题,提出改进措施。初步能源审计不仅可以找出明显的节能潜力和在短期内能提高能源效率的简单措施,而且也可为下一步全面能源审计奠定基础。

全面能源审计就是对用能系统进行深入全面的分析与评价。因此它需要用能单位有比较健全的计量设施,便于全面地采集耗能数据,有时还需进行用能设备的测试工作。同时通过对用能单位的能源实物量平衡,并对重点用能设备或系统进行节能分析,找出可行的节能项目,提出合适的节能技改方案,再对方案的经济效应、技术难度、环境效应进行评价。

专项能源审计是指对初步审计中发现的重点能耗环节,具有针对性的进行能源审计。在初步能源审计的基础上,可以进一步对耗能环节进行封闭的测试计算和审计分析,找出具体的浪费原因,提出具体的节能技改方案,并对其进行定量的经济技术评价分析。

通过能源审计,不仅可以提高经济效益和社会效益,而且有利于加强能源管理的规范性和科学性,并促进能源管理的信息化。

能源审计是提高经济效益和社会效益的重要措施。开展能源审计可以使用能单位及时分析掌握自身能源管理水平及用能状况,摸排问题和薄弱环节,挖掘节能潜力,降低能源消耗,提高能源使用效率,最终带来经济、社会和资源环境效益,实现"节能降耗、降本增效"的目的。

能源审计有利于提高能源管理的规范化和科学化水平。组织开展能源审计,能够使管理层准确地分析评价本单位的能源利用状况和水平,加强能源计量、统计、分析等能源日常管理制度建设,实现对能源消耗情况的监督管理,保证能源的合理配置使用,提高能源利用率。

能源审计有利于促进能源管理的信息化。能源管理是一项重要而又复杂的工作,需要大量的人力、物力和财力。能源审计可以准确反映用能单位的能源计量、统计和节能潜力等情况,使用能单位采取针对性的措施,开发适用于本单位的能源管理系统,减轻人工管理工作量,降低管理成本。

🕊 企业每年报告用能情况——能源利用状况报告

《中华人民共和国节约能源法》第五十三条规定：重点用能单位应当每年向管理节能工作的部门报送上年度的能源利用状况报告。能源利用状况报告应包括能源消费情况、能源利用效率、节能目标完成情况和节能效益分析、节能措施等内容。实施重点用能单位能源利用状况报告制度，是国家对重点用能单位能源利用状况进行跟踪、监督、管理、考核的重要方式，也是编制重点用能单位能源利用状况公报、安排重点节能项目和节能示范项目、进行节能表彰的重要依据。

重点用能单位能源利用状况报告采用一套统一的表格，主要包括：

表1：基本情况表。填报单位基本信息、能源管理人员资料、经济及能源消费指标、主要产品单位能耗情况等。

表2：能源消费结构表。填报统计年度内重点用能单位各类能源购进量、能源消费量和能源库存量等。

表2-1：能源消费结构附表。主要填报统计年度内重点用能单位能源加工转换环节的能源投入量、加工转换产出量以及回收利用能源量等。

表3：能源实物平衡表。填报能源在重点用能单位内部各个生产环节的能源统计数据，并计算能源损耗情况。该表是对重点用能单位内部能源利用分配情况的综合反映，同时对用能单位能耗数据真实性进行校对。

表4：单位产品综合能耗指标情况表。填报单位产品综合能耗以及与上年期比较的变化情况。

表5：影响单位产品（产值）能耗变化因素的说明。对表4能耗指标变化原因进行分析和简短说明。

表6：节能目标完成情况。用能单位"十一五"期间节能目标逐年完成情况。

表 7：节能目标责任评价考核表。根据《国务院批转节能减排统计监测及考核实施方案和办法的通知》（国发[2007]36 号）要求，重点用能单位对节能目标完成情况进行自评。

表 8：主要耗能设备状况表。对主要耗能设备（通用设备、专用设备）概况、运行情况、淘汰更新情况等进行说明。

表 9：合理用能国家标准执行情况表。根据合理用热、合理用电国家标准对用能情况进行自评。

表 10：规划期节能技术改造项目列表。包括项目类别、名称、改造措施、投资金额、时间安排以及预期节能效果等。

表 11：与上年相比节能项目变更情况表。与上一年相比，节能项目的变更情况以及变更原因。

通过执行重点用能单位能源利用状况报告制度，有利于企业自我掌握用能概况和水平，发现用能各环节的损失，分析单位产品能源消耗变化原因，挖掘节能潜力，实施节能技术改造项目，最终提升企业能效。

基本情况表
能源消费结构表
能源消费结构附表
能源实物平衡表
单位产品综合能耗指标情况表
影响单位产品（产值）能耗变化因素的说明
节能目标完成情况
节能目标责任评价考核表
主要耗能设备状况表
合理用能国家标准执行情况表
规划期节能技术改造项目列表
与上一年相比节能项目变更情况表

掌握用能概况和水平，提升企业能效

淘汰照明领域的古董——逐步淘汰白炽灯

自 2007 年澳大利亚政府宣布以立法形式全面淘汰白炽灯开始,先后有十几个国家和地区陆续发布了淘汰白炽灯计划。这些国家和地区淘汰白炽灯计划主要特点有:(1)起始淘汰时间集中在 2010～2012 年;(2)淘汰重点是普通照明白炽灯(特殊用途白炽灯不在淘汰范围之内);(3)按照功率大小、光效高低分阶段的方式进行淘汰;(4)在淘汰过程中进行效果评估,并根据评估结果调整后续政策。

据测算,中国照明用电约占全社会用电总量的 12％,采用高效照明产品替代白炽灯,每年可节电 480 亿千瓦时,相当于减少二氧化碳排放 4800 万吨,足见其节能减排潜力巨大。不仅如此,逐步淘汰白炽灯,对于促进中国照明电器行业结构优化升级、推动实现"十二五"节能减排任务、积极应对全球气候变化都具有重要意义。

2011 年 11 月 1 日,国家发展改革委、商务部、海关总署、国家工商总局、国家质检总局联合印发《关于逐步禁止进口和销售普通照明白炽灯的公告》(以下简称《公告》),决定从 2012 年 10 月 1 日起,按功率大小分阶段逐步禁止进口和销售普通照明白炽灯。中国逐步淘汰白炽灯路线图分为五个阶段(见下表)。

中国逐步淘汰白炽灯时间表

阶段	实施期限	目标产品	额定功率	实施范围与方式	备 注
1	2011.11.1 至 2012.9.30	过渡期			发布公告及路线图
2	2012.10.1 至 2014.9.30	普通照明白炽灯	≥100 瓦	禁止进口、销售	—
3	2014.10.1 至 2015.9.30	普通照明白炽灯	≥60 瓦	禁止进口、销售	—
4	2015.10.1 至 2016.9.30	进行中期评估,调整后续政策			
5	2016.10.1 起	普通照明白炽灯	≥15 瓦	禁止进口、销售	最终禁止的目标产品和时间,以及是否禁止生产应视中期评估结果而定

从上表中可以看出：第一阶段为 2011 年 11 月到 2012 年 9 月，把这一阶段称为过渡期，在过渡期里国家相关部门会发布中国白炽灯政府公告和路线图，为下一步作准备；到目前为止，我国已经顺利度过过渡期，在 2011 年 10 月 1 日发布了中国白炽灯政府公告和路线图。第二阶段为 2012 年 10 月到 2014 年 10 月，国家会明确禁令销售 100 瓦及以上的白炽灯。第三阶段为 2014 年 10 月到 2015 年 10 月，我国将进一步加大对白炽灯的淘汰力度，具体表现就是禁令销售 60 瓦及以上的白炽灯。第四阶段为 2015 年 10 月到 2016 年 9 月，我国会对前几阶段的淘汰工作作一次中期评估，然后再按那时的情况，调整相关政策，为完成后续的计划做准备；第五阶段，也是这一计划的最后一个阶段，具体时间是从 2016 年 10 月开始实施，这一阶段将对 15 瓦及以上的白炽灯进行禁令销售。通过这一计划，我国将彻底淘汰白炽灯，为我国节能减排事业再添一份力量。

其中，豁免产品为反射型白炽灯和特殊用途白炽灯。特殊用途白炽灯是指专门用于科研医疗、火车船舶航空器、机动车辆、家用电器等的白炽灯。

✍ 能效等级 1 级最好——能效标识

能效标识是附在产品或产品最小包装上的一种信息标签，用于表示用能产品的能源效率等级等性能指标，为消费者在购买决策时提供必要的信息，引导消费者选择高效节能产品。建立和实行能源效率标识制度，不仅对提高耗能设备能源效率，而且对提高消费者的节能意识，都具有重要的意义。2004 年 8 月，国家发改委、国家质检总局联合发布了《能源效率标识管理办法》，这标志着我国将实施能源效率标识制度。能源效率标识实行生产者或进口商自我声明、备案，同时要求政府有关部门加强监督管理。

能效标识为蓝白背景，顶部标有"中国能效标识"（CHINA ENERGY LABEL）字样，背部有黏性，要求粘贴在产品的正面面板上。能效标识直观地提供了用能产品的能源效率等级、能源消耗指标以及其他比较重要的性能信息，其中能源效率等级是判断产品是否节能的最重要指标。目前我国的能效标识将能效分为 1、2、3、4、5 共五个等级，等级 1 表示产品达到国际先进水平；等级 2 表示产品比较节电；等级 3 表示产品能源效率为我国市场的平均水平；等级 4 表示产品能源效率低于市场平均水平；等级 5 是市场准入指标。为了提高各类消费者的节能意识，能效等级展示栏用 3 种直观表现形式表达能源效率等级信息：一是文字部分采用"耗能低、耗能中等、耗能高"；二是数字部分采用"1、2、3、4、5"；三是色彩部分采用"红色、橙色、绿色"，其中红色代表禁止，橙色代表警告，绿色代表环保与节能。

我国自 2005 年 3 月 1 日开始实施能效标识制度以来，共有 4 批次 15 类产品强制实施了能效标识。这些产品包括：家用电冰箱、房间空气调节器、电动洗衣机、单元式空气调节机、自镇流荧光灯、高压钠灯、中小型三相异步电动机、电机驱动压缩机的蒸汽压缩循环冷水（热泵）机组、家用燃气快速热水器和燃气采暖热水炉、转速可控型房间空气调节器、多联式空调（热泵）机组、储水式电热水器、家用电磁灶、计算机显示器、复印机。

为推动能效标识制度的实施,各相关部门进行了大量的宣传、培训和教育活动,这些部门主要包括:能效标识主管机构、全国各地的管理部门和监管部门、能效标识备案机构。相关的监督检察工作,一般由各地的节能管理部门和质检部门来实行。能效标识备案管理授权机构由中国标准化研究院担任,该机构近年来已经开通了能效标识政府网站,并且也开通了一些相关的服务性网站,例如"我要省电网"等,同时为各产品的能效数据建立了专门的数据库,为有效开展能效标识网上备案工作提供了重要的技术支持。通过上面一系列的行动与措施,对提高能效标识的认知度、可行性、规范性、严肃性和重要性具有重要的意义。

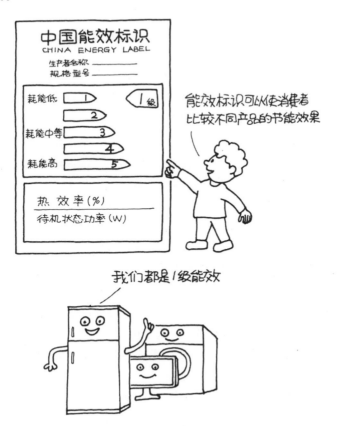

自愿性能源管理机制

低碳经济的计量——碳排放强度

碳排放强度是指单位国民生产总值的二氧化碳排放量。该指标主要是用来衡量某国经济发展与碳排放量之间的关系,如果某国在经济增长的同时,每单位国民生产总值所带来的二氧化碳排放量在下降,则说明该国实现了低碳的发展模式。2009年11月,中国政府宣布,到2020年,我国单位国民生产总值(GDP)的二氧化碳排放量要比2005年下降40%~45%。

发展低碳经济是降低碳排放强度的有力措施,在技术进步和经济总量持续增大的共同影响下,低碳经济的发展一般经历4个阶段:(1)碳排放强度、人均碳排放强度和碳排放总量均上升;(2)碳排放强度下降,人均碳排放强度和碳排放总量上升;(3)碳排放强度、人均碳排放强度下降,碳排放总量上升;(4)碳排放强度、人均碳排放强度和碳排放总量均下降。

发展低碳经济,降低碳排放强度的措施主要包括三个方面:一是通过技术进步和加强用能管理,提高能源的使用效率;二是发展核能、生物质能、风能、太阳能等低碳能源;三是对能源使用后产生的二氧化碳捕获和封存。

从以上三个方面来看,前两个方面的减排措施在前面的章节中介绍得比较详细和清楚,在此不再叙述,接下来将重点介绍第三个方面的减排措施——二氧化碳吸收与捕集技术。二氧化碳吸收与捕集技术的英文名字称为 Carbon Capture and Storage,简称 CCS。它主要包括三个阶段,即捕集、运输和封存。

二氧化碳的捕集方式主要又包括燃烧前捕集、富氧燃烧和燃烧后捕集,根据具体的技术手段又可以将二氧化碳捕集方式分为吸收法分离技术、吸附法分离技术、膜分离技术、化学链燃烧技术、富氧燃烧技术、深冷分离技术和生物固碳等。目前研究得比较多的是化学链燃烧技术。对二氧化碳的封存也是一门很重要的技术,其主要包括深海填埋、油田填埋和工业利用等。

从上面的论述中我们不难看出,碳排放强度作为碳排放量的一个重要参数指标,在低碳领域中具有十分重要的作用。一方面,我们可以通过它来放映出我国现有碳排放情况,依照现实的排放情况来制定相应的政策与措施;另一方面,我们通过它来了解其他国家的碳排放情况,这不仅可以找出我国在这一领域的优势,而且还可以找出我国在这一领域中的不足。因此对碳排放强度的研究具有十分深远的意义。

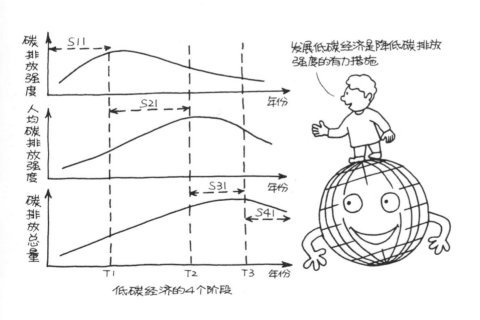

低碳经济的4个阶段

❦ 整合各方资源推进节能技改——合同能源管理

合同能源管理（Energy Performance Contracting，EPC）是20世纪70年代在美国发展起来的、目前欧美国家广泛采用的、基于市场的、以赢利为目的的节能新机制。EPC 公司，国外称 ESCO（Energy Saving Company），国内称 EMCO（Energy Management Company），是以提高能源效率为核心业务的节能服务公司。

合同能源管理项目的主要要素可包括：全面完善的用能状况诊断、能耗基准的确定、高效的节能措施、详细的量化的节能目标、合同双方之间的节能效益分享方式、最终结果的测量和验证方案等。

ESCO 通过与企业签订能源管理合同，帮助企业节能降耗，并与企业分享节能效益，以此取得利润的一种商业模式，类似 BOT（建设、营运、移交）商业模式。ESCO 不是单纯的节能产品销售商或节能工程承包商，而是技术服务、融资服务与管理服务三位一体的节能服务商和风险投资商。ESCO 的赢利模式是从节能改造后获得的节能效益中收回投资和取得利润。

ESCO 项目具体类型包括：第一，节能效益分享型。ESCO 提供资金和全过程服务，在客户配合下实施节能项目，在合同期间与客户按照约定的比例分享节能收益；合同期满后，项目节能效益和节能项目所有权归客户所有。第二，节能量保证型。客户分期提供节能项目资金并配合项目实施，ESCO 提供全过程服务并保证项目节能效果；按合同规定，客户向 ESCO 支付服务费用；如果项目没有达到承诺的节能量，按照合同约定由 ESCO 承担相应的责任和经济损失。第三，能源费用托管型。客户委托 ESCO 进行能源系统的节能改造和运行管理，并按照合同约定支付能源托管费用；ESCO 通过提高能源效率降低能源费用（扣除新增的管理费用），并按照合同约定拥有全部或者部分节省的能源费用。

　　ESCO 项目具有诸多优势。首先,用能单位无需在节能项目的实施过程中投入先进的专业的设备、仪器、管理和技术,就可获得实施节能而带来的实实在在的收益。其次,通过与专业的先进的节能公司合作,不仅可以获得高效的节能效果,而且还可以获得专业的节能资讯和能源管理经验。这些经验和资讯不仅有利于增加用能单位在生产过程中的竞争力,而且还有利于用能单位建立良好的口碑。最后,因专业节能公司所使用的节能技术更加专业和节能设备更加先进,所以由它带来的节能结果更具有保障能力,不仅如此,还可以在短期内就得到投资回报。

　　自我国引进合同能源管理机制以来取得了巨大的成果。1997 年我国在北京、辽宁和山东建立了示范性的能源管理公司,这些公司在运行的过程中取得了良好的节能效果。2003 年,我国已经启动了该项目的第二期工作。目前合同能源管理机制正在逐渐适应中国的能源环境,逐步地走向完善与合理,在我国节能减排中扮演着越来越重要的角色,因此合同能源管理机制对于我国的发展具有极其重要的战略意义。

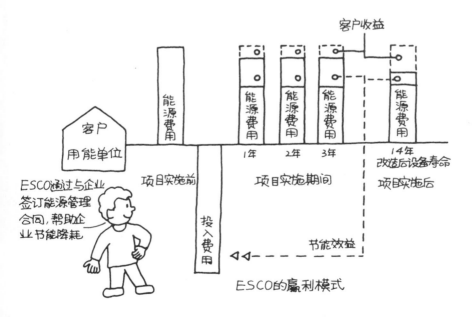

ESCO 的赢利模式

引导电力用户改变用电方式——电力需求侧管理

综合资源规划（IRP）指电力规划部门把电力供应侧和需求侧的各种形式的资源，综合为一个整体进行电力规划，通过高效、经济、合理地利用供需侧资源，在保持电力服务水平的前提下，使整个规划的社会总成本最小。供应侧资源包括火电、水电、核电、风电等，需求侧资源包括绿色照明、高效电机、高效变压器、高效家电、蓄能设备、可中断负荷等。

传统电力规划与综合资源规划方法的区别

比较项目	传统电力规划	综合资源规划
资源选择	仅着重于供应侧发电公司的电力资源，如大型电厂	同时考虑供应侧和需求侧的资源多样化
资源所有权	发电公司所有	所有权多样化：用户、中介服务商、电网公司
规划准则	电价及可靠性	还兼顾用户电费、燃料多样化、风险和不确定性
参与者	系统与财务规划部门	还包括用户服务与推销部门、用户、环境与公共利益团体、政府法规机构及其他专家
规划效果	高成本、高风险；用户难以承受；环境恶化；非良性循环	资源选择灵活性、低风险；改善服务质量，用户欢迎；降低污染；最小费用增长

电力需求侧管理（DSM）是由政府主导的，以经济激励为主要手段，优化电力用户用电方式，提高终端用电效率，实现重大电力节约的系统工程，是综合资源规划的重要方面。DSM工作通过从以政府主导为主向以经济技术主导为主和以移峰填谷为主向提高能效为主的转变，开展负荷管理、能效管理和有序用电

三个方面的基本工作。

　　能效电厂（EPP）通过采用高效用电设备和产品、优化用电方式等途径，形成某个地区、行业或企业电力需求节约的行动方案，将减少的需求量视为"虚拟电厂"向电力用户提供电量，从而实现能源节约和污染物减排。能效电厂属于电力需求侧管理范畴，通过统筹考虑开源节流和增加供给，实现最低成本的电力服务。常规电厂与能效电厂的燃料消耗量、污染物排放量及平均成本比较见下表。

常规电厂与能效电厂的燃料消耗量、污染物排放量及成本比较

比较项目	常规电厂	能效电厂
装机容量	300 兆瓦	300 兆瓦
年生产电力	15 亿千瓦时	15 亿千瓦时
燃料消耗量/千瓦时	340 克标煤	0 克标煤
二氧化硫排放量/千瓦时	4 克	0 克
平均成本/千瓦时	35～40 分	15 分

优化用电方式，提高终端用电效率

❀ 看看谁最节能——能效对标

能效对标活动是指企业为提高能效水平,与国际、国内同行业最先进企业的能效指标进行对比分析,确定标杆,通过管理和技术措施,达到标杆或更高能效水平的节能活动。开展重点用能企业能效对标活动,是引导重点用能企业节能、促进企业节能降耗的重大举措。能效对标活动对推动企业实施节能行动,提高企业能源利用效率、经济效益和竞争力,缓解经济社会发展面临的能源约束和环境制约,都具有十分重要的意义。

企业能效对标工作的实施分为六个阶段:现状分析阶段、选定标杆阶段、制定方案阶段、对标实践阶段、指标评估阶段、改进提高阶段。企业应按照能效对标工作的实施内容,分阶段开展能效对标工作,明确各阶段的工作目标、主要工作任务和有关要求,确保对标工作循序渐进地进行,做到求真务实,力求实效。

(1)现状分析。企业首先应对自身能源利用状况进行深入分析,充分掌握本企业各类能效指标基本情况;在此基础上结合企业的能效审计报告和中长期发展计划,确定需要通过能效水平对标活动来提高的产品单耗或工序能效。

(2)选定标杆。企业根据确定的能效对标活动内容,在相关行业协会的指导与帮助下,初步选取若干潜在的标杆企业,组织人员对潜在标杆企业进行研究分析,结合企业自身实际,选定标杆企业,制定对标指标的目标值。企业选择标杆时要坚持国内外一流为导向,最终达到国内领先甚至国际先进水平。

(3)制定方案。通过与标杆企业开展交流,或通过行业协会、互联网等渠道收集有关资料,总结标杆企业在指标管理方面先进的管理方法、措施手段和实践,结合自身实际进行比较分析,彻底摸清标杆企业产生优秀绩效的过程,制定出切实可行的对标指标改进方案和实施计划。

(4)对标实践。企业根据改进方案和实施计划,将改进指标的措施和对标指标的目标值分解落实到相关车间、班组和个人,把提高能效的重要性和必要性传递到企业中每一个员工身上，从而体现出对标活动的全过程性和全面性。在对标实践过程中，企业应修订完善规章制度，优化人力资源，强化能源计量器具配备，加强用能设备监测和管理，并落实节能技术改造措施。

（5）指标评估。企业就某一阶段能效水平对标活动的成效进行评估，对指标改进措施和方案的科学性和有效性进行深入分析研究，并撰写对标指标评估分析报告。

（6）改进提高。企业将在对标实践过程中形成的行之有效的措施、手段和制度等进行总结分析，制定下一阶段能效对标活动的计划，调整对标标杆，进行更高层面的对标，将能效水平对标活动深入持续地开展下去。

能效对标活动量大面广，具有跨领域、跨专业、跨部门、多学科交叉复合的特点，是一个系统工程。因此要建立起系统、全面的对标活动方案，制定出符合企业实际情况的不同层级的对标活动细化实施方案，并能达到实践、改进、评估及持续提高的要求。能效对标的实施对象包括节能管理对标、主要装置对标、工序单耗对标、通用设备对标、产品单耗对标、全方位对标和企业内部对标等。

我的能效
水平最高

为节能减排作贡献——自愿协议

自愿协议是指整个工业部门或单个企业在自愿的基础上为提高能源利用效率而与政府部门签订的一种协议。它是目前国际上应用最广泛的一种非强制性节能措施,可以有效地弥补行政手段的不足。自愿协议的主要思路是在政府的引导下,更多地利用企业的积极性来促进节能,它是政府和工业部门在各自效益的驱动下自愿签订的,也可以看作是在法律规定之外,企业"自愿"承担的节能环保义务。协议内容在不同国家甚至同一国家的不同情况下也有不同,主要包含整个工业部门或单个企业承诺在一定时间内达到某一节能目标和政府给予部门或单个企业以某种激励两个方面。需要强调的是,自愿协议中的"自愿"并不是绝对的"自愿",它所指的"自愿"是有条件的。企业如果不参加"自愿"协议,就面临政府或市场更严苛的政策和现实。全球 10 余个主要发达国家,如美国、加拿大、英国、德国、法国、日本、澳大利亚、荷兰、挪威等国家都采用这种政策措施来鼓励企业自觉节能。

根据自愿协议参与者的参与程度和协商内容,可以把自愿协议大致分为两类:第一,经磋商达成的自愿协议。它是指工业界与政府部门就特定的目标达成的协议。谈判时双方有一个约束条件,即如果协议没有达成,政府将会实施某种带有惩罚性的政策措施。第二,公众自愿参与的自愿协议。在此类型的自愿协议中,政府部门规定了一系列需要企业完全满足的条件,企业根据自身条件选择是否参加。

自愿协议能够在很短的时间内被很多国家所采用,并且越来越受到政府和工业部门的欢迎,是因为自愿协议具有灵活性好、适用性强、成本低、有利于发展政府与工业部门的关系等特点。

灵活性好:工业部门参与自愿协议的动机通常是规避政府更为严格的政策要求。相对于政策的"硬"约束,工业部门更愿意"自愿"对政府承诺节能减排义务,承诺达到一定的节能目标后,政府就会给企业提供较宽松的政策环境,企业实现节能目标的方式是自主的、灵活的。

适用性强:自愿协议的灵活性决定了其应用范围广,并具有形式多样、适用性强的特点。

低成本:与制定法律法规相比,政府通过自愿协议可以用更低的成本、更快地实现节能和环保目标。

有利于发展政府与工业部门的关系。通过自愿协议,政府与工业部门实现了双赢,双方的合作关系不断深化,相互信任不断增强,从而在公众和市场中树立良好的信誉和形象。

2000年,中国开始探索如何立足本国国情,结合国外成功经验,将自愿协议这一节能政策模式引进来,并将山东省钢铁行业的两家企业济南钢铁集团总公司和莱芜钢铁集团有限公司选为自愿协议政策试点企业。2002年,基本完成试点项目的框架设计,包括自愿协议的相关方法、中国自愿协议合同样本、企业节能潜力评估办法、行业(企业)节能目标设定方法、自愿协议的监督和实施管理办法等。2003年,济南钢铁集团总公司、莱芜钢铁集团有限公司与山东省经贸委签订了自愿协议,承诺3年内节能100万吨标准煤,比企业原定的目标多节能14.3万吨标准煤。至此,中国的自愿协议进入试点实施阶段。

众人拾柴火焰高——能效网络

能效网络小组起源于瑞士。1987年，苏黎世诞生了世界上第一个能效网络小组，由8个当地企业自愿组成。能效网络小组改变了以往"各自为政"局面，通过相互交流和共享经验的方式，探索出更快、更经济的降低能耗的方式，能效网络小组参与企业的节能效果明显好于普通企业。第一能效网络小组的成功经验得到瑞士联邦能源署的认可和支持，以"瑞士能效模式"在全国推广。目前，瑞士已成立70多个能效网络小组，涵盖近1000家企业。德国借鉴了瑞士能效网络小组的成功经验，2002年成立了由17家公司参与的"能效圆桌"，参与的企业在5年内能效提高了20％，二氧化碳排放减少了17％，企业的平均能源单耗每年降低约3.5％，能效提高速度比一般企业高出1～2倍。相关协会对这一经验进行了全面总结，使其标准化和系统化，最终形成了操作性很强的能效网络管理体系。

欧洲国家的能效网络小组一般由10～15个企业组成，其工作重点是帮助企业解决通用技术（如：压缩空气、工艺用热、余热利用、照明、空调、负荷管理、无功补偿）和能源管理方面的问题。在选择参与企业时应尽量避免市场直接竞争的企业参与到同一能效网络小组，以保证小组成员之间能如实交流能效数据和经验。小组成员间的坦诚互信和积极参与是能效网络小组工作得以顺利开展的基本保障。为了便于能效网络小组成员间的"面对面"交流和学习，因此活动半径一般不要超过10公里。

能效网络小组一般由电力公司、工业园区管委会、行业协会、需求侧管理中心和节能办公室等与企业有紧密联系的公益性事业单位发起组织。除了参与的企业以外，一个运作良好的能效网络小组还必须配备以下角色：组长、主持人、能效咨询工程师和成果评估人。

组长主要负责各项措施的制定、执行及对外宣传；与主持人、参与企业和咨询工程师签订相关合同；财务管理。

主持人主要负责和参与企业一起准备小组活动；主持交流研讨会和做活动记录；及时发现小组成员之间的交流障碍；向组长汇报小组活动情况。

能效咨询工程师主要负责从专业角度来参与小组的各项活动，具体任务有：小组成员企业的能效初步诊断；制定能效优化方案；回答企业提出的专业问题；跟踪落实能效优化措施；准备成果评估等。

网络成果评估可由具备专业知识的咨询工程师、主持人或外聘的中立人员承担，检查网络小组和小组参与企业最初共同制定的节能减排目标的完成情况，查找偏离目标的原因，保证网络小组制定的各项节能减排措施落到实处。

培养能源管理的队伍——能源管理师制度

随着节能重要性日益被人们认识,越来越多的国家实施了能源管理师制度。但由于各国的国情不同,对能源进口的依赖程度差别很大,对节能的认识及采取的措施不同,能源管理师制度也有着不同的类型。主要包括政府强制实施型、注册型和商会推进型。

(1)政府强制实施型。日本是最早实施能源管理师制度的国家,是政府强制实施能源管理师制度的典型代表。由于日本自我缺乏能源,为保证经济的持续发展,日本政府高度重视节能工作。为此,1979 年制定了《能源有效利用法》(简称《节能法》),其中对重点用能企业的责任、政府在节能方面的管理职能等方面作了严格界定:年消耗燃料 3000 千升标准油或 1200 万千瓦时以上电力的企业为一类能源管理指定工厂;年消耗燃料 1500 千升标准油或 600 万千瓦时以上电力的企业为两类能源管理指定工厂。并且规定一类能源管理指定工厂必须配备专职能源管理师,每年向相关部门报告能耗状况。如不按期完成节能目标,又提不出合理的改进计划,主管部门有权向社会公布,责令其限期整改,并处以一定的罚金。经过 20 多年的实践,日本实施能源管理师制度的法律法规已经比较完善,不仅对能源管理师必须具备的条件有了明确的要求,对能源管理师的资格考试和组织都有较完善的制度,而且对各类企业必须配备的能源管理师数量等都有明确的要求。目前,能源管理师制度在日本指定工厂得到很好的执行,已经形成一支专业化的节能管理人才队伍,为企业合理用能提供了丰富的人才资源。

(2)注册型。早在 20 世纪 80 年代初美国就设置了"能源管理师"职业,实行注册能源管理师制度,同时也是世界上实施能源管理师制度时间最长、历史最悠久的国家,其颁发的证书已被多数欧美国家认可。尽管美国的注册能源管理师制度实施时间较早,但目前能源管理师的规模和影响力均比日本能源管理师制度小。

（3）商会推进型。欧洲能源管理师属于商会推进。作为欧洲能源管理师培训的发起者和经验丰富的执行者,德国纽伦堡工商会一直担任欧洲能源管理师牵头机构。与获得日本、美国能源管理师证书的方式类似,想获得欧洲能源管理师证书也必须通过相关知识考试,并具备一定时间的企业能源管理经验。但要获得欧洲能源管理师证书还必须通过毕业设计环节,这是其独特之处。纽伦堡工商会在对能源管理师学员进行培训期间,要求学员根据企业实际,用所学的节能知识提出可以实施节能改造的项目,在导师的指导下完成一项节能项目毕业设计。结果表明,绝大多数学员在取得能源管理师证书后 1 年内即将其设计的节能项目付诸实施,从经济效益的角度考虑,可以说欧洲能源管理师制度是一个低投入高回报的节能投资项目。

后　记

　　2011年3月9日,作者和上海科学普及出版社社长及综合科普编辑室有关编辑一起前往上海交通大学,邀请原上海交通大学校长、中国工程院翁史烈院士担任本书的科学顾问,翁院士听取了作者的创作思路以及出版社的意见和建议之后,欣然同意担任本书的科学顾问,并就当前国内外能源形势、能源经济和能源政策给出了独到的见解,为本书的编写指明了方向。在本书的写作过程中,作者多次向翁院士汇报编写进展情况。翁院士每次都认真地聆听我们的介绍,仔细地阅读我们写的每一篇文章,给出了宝贵的修改意见和建议,使本书的内容更具有科学性和权威性。在此,我们向翁院士的那种严谨的治学态度、敏锐的洞察力和诲人不倦的精神表示深深的敬意!

　　本书所编写的内容,主要是从一个科技工作者的角度来向广大读者介绍什么是能源,能源与经济、社会、环境的关系,煤炭、石油、天然气、核能、电能、新能源和可再生能源,新型用能技术与产品,新型能源管理政策与机制等一系列科普知识。通过对这些能源基本知识的介绍,让读者了解当代能源技术领域的新工艺、新技术、新产品和新机制,在增长能源知识的同时,能够更加深刻地理解能源科技的内涵。

　　在编写中,作者力求着重表达以下几点:

　　(1) 结合自己在能源领域的科研成果,向大众宣传和普及能源知识、清洁能源的发展及其新技术,拓宽节能减排的新思路。

　　(2) 本书内容的编写,是作者结合长期从事科学研究工作和节能管理工作,结合国内外的能源发展现状和前景总结出来的,因此具有较强的参考价值。

（3）本书力求用通俗化、科普化的语言来描述能源领域中的专业性知识，并运用原创图片对能源知识进行图解，以满足广大读者的阅读和理解需要。

感谢上海市科学技术协会的领导对本书的出版工作给予的大力支持以及经费上的资助。在本书的编辑出版过程中，责任编辑史炎均、林晓峰，美术编辑赵斌，技术编辑葛乃文，以及插图作者马建国都付出了辛勤的劳动，使本书更具可读性。在此，我们表示衷心的感谢。

同时，要感谢共同完成书稿的其他作者：上海交通大学的朱亚东、陶莉、董奥、平星星、姜亮、徐速、张旭、周耀东、李海国、姜申俊、胡一奇、夏海亮、林文廷、黄培轩、赖幸、衣涛、李吉、赵鹏远、王一凡、陈鼎元、张哲琛、李牟泽、蔡宇，上海市长桥中学的王婷老师，上海应用技术学院的蔡建军。最后感谢陈天天老师、于家睿同学对本书提出的宝贵建议。

作　者

2013 年 4 月 7 日